클래스가 남다른
과학고전

과학교양의 시대 현대인이 생각해 볼 12가지 과학 이슈

클래스가 남다른
과학고전

조숙경 글

타임북스
T·IME BOOKS

한 과학자를 성장케 한
20세기 과학의 역사와 질문들

저자를 알고 지낸 지는 얼마 되지 않았지만 만날 때마다 유쾌하고 즐거웠다. 그 이유가 무엇일까? 그녀가 가진 과학과 문화에 대한 풍부한 지식 때문이기도 했지만, 대화 속에서 조용히 빛나는 삶을 향한 열정 그리고 담백한 생활 태도 때문이 아닐까 생각했다. 그런데 그것만이 전부가 아니었다. 이 책에는 여성 과학자로서 그녀가 가진 매력의 원천이 무엇인지를 아주 잔잔하게 그러나 강력하게 드러내 주고 있다.

"사람이 온다는 것은 실은 어마어마한 일이다. 한 사람의 일생이 오기 때문이다."라는 어느 시인의 시구가 있듯이 저자는 이 책에서 소개하는 책 12권에서 열두 '사람의 일생'을 만난 것 같다. 누구나 그 이름을 들어봤을 과학자들, 그들이 직접 집필한 책에서 20세기 과학의 역사와 질문을 읽어 내는 것은 매우 창의적이고 즐거운 방식이 아닐 수 없다.

참 재미있게 읽었다. 술술 익힌다. 특히 제임스 왓슨의 '이중나선'은 자전적 고백이다. 과학의 역사는 사실상 우선권 경쟁이라고 볼 수 있다는 말은 학문에도 시간적·진리적 경쟁이 있다는 것을 알게 해 준다.

이 책에는 고전을 만나고 성장하면서 과학사(과학문화)를 공부하던 20대의 저자가 세계학회 회장이 될 때까지의 스토리도 함께 곁들여 있어 우리나라 과학문화와 과학 커뮤니케이션의 역사를 이해하는 데도 많은 도움을 준다. 20세기 과학적 사상을 다룬 이 책이 부카VUCA 시대를 살아가는 21세기 우리가 직면하게 될 여러 어려운 상황에 큰 도움을 줄 것이라 확신한다.

한국과학기술단체총연합회

이태식 회장

인생은 사람과
사건이 만드는 세계

그와 헤어져 "숙소로 돌아오면서 나는 벌써 빛나는 미래를 마음속에 그리고 있었다." 1922년 20대이던 하이젠베르크가 괴팅겐 보어 축제에서 40대이던 닐스 보어를 처음 만난 날 기록한 글이다. 그 이후 두 사람은 20여 년간 절친한 친구이자 사제 같은 관계를 유지하면서 대화와 토론을 벌였고 양자물리학이라는 현대과학의 중요한 틀을 만들어 갔다. 만약 하이젠베르크가 보어라는 '사람people'을 만나지 않았다면 과학의 역사는 어떻게 되었을까?

1665년 뉴턴은 흑사병으로 케임브리지대학교가 휴교하는 바람에 고향으로 돌아가야만 했다. 갑자기 너무나도 무료해진 그는 2층 침실의 조그만 창문으로 들어오는 햇빛을 프리즘으로 통과시키기도 하고 사과나무 사이를 거닐기도 했다. 그러다가 '왜 사과는 아래로 떨어질까?'라는 의문을 품었고, 이후 대학으로 돌아가 만유인력이라는 개념에 도달하게 되었다. 뉴턴 스스로 기적의 해라고 부르는 1666년에 그는 모든 혁신적인 아이디어를 얻었다고 말한다. 만약 뉴턴에게 잠시 '쉼의 시간'을 준 '사건event'이 없었다면 과학의 역사는 어떻게 되었을까?

우리는 살아가면서 수많은 '사람'과 '사건'을 만나고 경험한다. 그것들과의 크고 작은 인연은 삶의 경로를 전혀 예상하지 못한 방향으로 바꾸고 또 다음을 결정한다. 하이젠베르크에게 보어와의 만남이, 뉴턴에게 케임브리지대학교 휴교가 그러했던 것처럼 필자에게는 지난 40년간 만나 온 과학고전 12권이 그러했다. 이 책들에서 '사람'을 만나고 '사건'을 접하면서 삶의 경로를 바꾸었고 또 새로운 경로를 찾게 되었다.

이 책은 『파인만 씨, 농담도 정말 잘하시네요!』부터 『2500년 과학사를 움직인 인물들』까지 과학고전 12권을 다루고 있다. 책을 쓰면서 가장 많이 고민한 부분은 책의 내용을 얼마나 그리고 어느 정도 깊이로 다루어야 하는지였다. 책의 내용에만 집중하다 보면 이미 유사한 형식의 다른 책과 차별화가 없을 것이고, 내가 읽은 방식으로만 기술하다 보면 신선하다는 평가는 있겠지만 일부 독자의 흥미를 잃게 할 수도 있기 때문이다.

이 책은 크게 두 가지 이야기가 씨줄과 날줄처럼 엮여 있다. 하나는 20세기 과학의 특징을 아주 잘 보여 준다고 생각되는 과학고전을 소개하는 것이다. 이 고전들에서 과학과 연관하여 궁금해할 것 같은 질문을 크게 12개 다루었다. '과학은 무엇인가?'부터 '과학은 어떻게 변화하는가?', '과학과 인문학의 관계는 어떠한가?' 그리고 '과연 과학에서도 만남이 중요한가?'에 이르기까지 각 과학고전을 질문을 중심으로 논의했다. 하지만 각 챕터에서는 책의 핵심 내용을 간략하게 소개했는데, 이는 이책을 매개로 독자들이 각 과학고전의 원본 텍스트를 직접 읽고 싶어 하도록, 그리하여 독자들이 각자의 방식으로 과학고전을 읽도록 안내하려는 이유였다.

다른 하나는 지난 40년간 과학고전 12권을 만나고 읽으면서 성장해 온 필자의 삶의 경로를 소개하는 것이다. 과학고전의 독자 중 한 사람인 필자가 책에서 어떤 '사람'과 만나고 어떤 '사건'을 경험했는지를 진솔하게 기술하는 것이다. 불안한 청년이던 20대 시절에 만난 과학고전부터 60살이라는 나이를 앞둔 시점에서 다시 만나게 된 과학고전까지 매 고비마다 만난 과학고전들이 인생에 어떤 영향을 주었는지를 이야기하는 것이다. 이는 독자들이 이 책을 읽고, 나아가 이 책을 디딤돌 삼아 앞으로 만나게 될 과학고전 12권에서 용기를 얻고 위안도 받으며 미래의 방향을 설정하는 데 도움이 되기를 고대하기 때문이다.

스티브 잡스는 스탠퍼드대학교의 졸업식 연설에서 "인생은 점^{dot}과 점^{dot}의 연결이다."라고 말했다. 점은 '사람'이고 '사건'이다. 이 책을 읽는 독자 여러분의 인생에 『클래스가 남다른 과학고전』이 새로운 '점'이 되길 희망한다. '인생이 무엇인가?'라는 질문에는 그 누구의 답도 100% 맞거나 100% 틀리지 않다. 인생이 무엇인가를 생각하면서 살아가는 삶, 그

삶은 모두가 옳기 때문이다.

끝으로, 이 책을 준비하는 데는 시간이 꽤 걸렸다. 다양한 일을 하면서 성장해 온 여성 과학자의 삶이 청소년에게 좋은 모범이 될 수 있다며 소개하는 글을 써 보라는 여러 제안을 많이 받았다. 하지만 내 개인 이야기를 쓴다는 것이 의미가 있을까 싶어 많이 망설였다. 그렇게 시간은 지나갔다. 그러다 다시 용기를 내 보기로 했다. 그것은 매주 토요일 바쁜 일을 제쳐 두고 모닝커피 타임을 같이하면서 함께 대화를 나누던 남편의 격려 때문이었다. 또 매주 기차를 타고 오가면서 떠오른 생각도 책을 집필하는 데 많은 도움이 되었다. 내 인생에 또 하나의 '점'을 만들 수 있도록 많이 도와준 나의 사랑하는 가족들(꼬맹이 유민이를 포함하여)에게 큰 감사를 드린다. 또 이 책을 위해 많은 정성을 기울여 주신 이길호 사장님을 비롯하여 출판사에도 큰 감사를 드린다. 혹시 책에서 발견되는 오류는 저자의 부족함 때문임을 미리 밝혀 둔다.

2023년 9월
이순 耳順 을 한 해 앞두고
조숙경

◆ 차 례 ◆

추천하는 글   4

들어가는 글   6

1장   **과학도 재미있는가?**   13
리처드 파인만의 『파인만 씨, 농담도 정말 잘하시네요!』

2장   **누가 아우슈비츠의 비극을 가져왔는가?**   31
제이컵 브로노프스키의 『인간 등정의 발자취』

3장   **과학의 조건은 무엇인가?**   49
칼 포퍼의 『과학적 발견의 논리』

4장   **과학은 어떻게 변화하는가?**   67
토머스 쿤의 『과학혁명의 구조』

5장   **관찰은 객관적인가?**   83
노우드 러셀 핸슨의 『과학적 발견의 패턴』

6장   **과학자의 책임은 어디까지인가?**   99
베르너 하이젠베르크의 『부분과 전체』

7장 봄이 왔는데 왜 새는 울지 않는가? 115
레이철 카슨의 『침묵의 봄』

8장 과학과 인문학은 만날 수 있는가? 131
찰스 스노의 『두 문화』

9장 생명의 근원은 무엇인가? 147
제임스 왓슨의 『이중나선』

10장 과학은 유토피아를 가져오는가? 165
올더스 헉슬리의 『멋진 신세계』

11장 인류는 계속 발전할 수 있는가? 181
제러미 리프킨의 『엔트로피』

12장 과학에서도 만남은 중요한가? 197
로이 포터의 『2500년 과학사를 움직인 인물들』

1장

과학도
재미있는가?

리처드 파인만

『 파인만 씨, 농담도 정말 잘하시네요! 』

🖋 서울대의 봄

　1983년 3월, 95번 버스를 타고 도착한 관악산 자락에는 아직 차가운 바람이 불고 있었다. 가벼운 흥분과 설렘 속에서 20대를 보내게 될 새로운 공간으로 들어섰다. 입학식이 진행될 운동장은 벌써 많은 사람으로 북적였고, 각자 자리를 찾아가는 사람들을 보고 있노라니 여고 시절 영어 선생님의 말씀이 떠올랐다. "우리 촌닭! 서울 가서도 잘할 수 있을 거야. 파이팅!" 내가 보아도 나는 지방에서 올라온 티가 물씬 풍기는 촌스러운 신입생이었다. 입학식이 끝나고 정신없이 서울고속버스터미널로 향했다. 버스에서 눈물을 훔치며 손을 흔드는 엄마를 보니 많은 생각이 교차했다. 이제 다시는 그녀와 같은 집에 살면서 웃고 떠들 수 없을 것이라고 생각하니 갑자기 슬픔이 밀려왔다. 동시에 '아는 사람 하나 없는 대도시 서울에서 과연 잘 살아갈 수 있을까?'라는 불안감도 들었다. 터미널 지하상가의 화려한 조명 아래 걸려 있는 알록달록한 봄옷 앞을 지나면서 내게 다가올 새로운 미래를 생각해 보았다.

물리학자가 되어 볼까

어릴 때부터 내 꿈은 물리학자였다. 유달리 지적 호기심이 강했던 나는 시골에 있는 보통 학교들에 비해 상대적으로 책을 많이 구비한 중학교에 다니는 행운을 누렸다. 고등학교가 같이 있어서 매우 큰 도서관이 있었던 것이다. 일주일에 책 몇 권을 빌려 와서 닥치는 대로 읽곤 했다. 지금 생각해 보면 당시의 나에게 책과 학교 선생님은 새로운 세상을 보여 주는 창문과도 같았다. 그중에서 특히 중학교 시절에 새로 부임해 온 물상 선생님은 마치 찰스 다윈에게 헨슬로 교수가 해 준 것과 같은 역할을 해 주셨다. 선생님은 보통 때는 얼굴까지 빨개지며 수줍어하셨지만 일단 질문이 나오면 과학 개념을 아주 명쾌하게 설명해 주셨다. 물 1g을 1℃ 높이는 데 필요한 열량을 '비열'로 정의하면서 물질의 상태 변화를 과학적으로 설명하는 시간은 나의 지적 호기심을 사로잡기에 충분했다. 도서관에서 빌려 온 인문학 책들을 읽으며 가치관의 혼란을 겪던 사춘기 소녀에게 과학 수업은 그야말로 명쾌함의 시간이었다. 방과 후에는 친구들을 설득해서 정말로 물이 100℃에서 끓는지 확인해 보는 실험도 수행했는데, 선생님은 그 일을 같이 해 주셨다. 물리학자가 된다는 것은 아주 멋진 일일 것 같았고 그때부터 물리학자가 되어야겠다고 생각했다.

과학사과학철학의 만남

관악에서 맞이한 대학 1학년의 봄은 전혀 찬란하지 않았다. 수시로 터지던 최루탄 가스와 환하게 피어나던 벚꽃은 전혀 어울리지 않았다. 우리는 아직 서로를 알아 갈 기회조차 미처 갖지 못한 채 강의실이 아닌 광장과 서클 룸으로 삼삼오오 몰려다니며 불안감을 억누르고 있었다. 무엇이 진정 옳은 길인지 아무도 가르쳐 주지 않았고, 나는 물리학 공부에 매진하면서 그 불안감을 극복하려고 애썼다. 그러면서 두 물리학자를 만나게 되었는데, 한 사람은 나중에 『물리학과 대승기신론』으로 대중에게 유명해진 이론물리학자 소광섭 교수이다. 소 교수님은 미국 브라운대학교에서 이론물리학을 전공하고 서울대학교에 부임해 오셨는데, 당시에는 양자물리학을 주로 가르쳤다. 고상한 풍모를 지닌 교수님은 과학이 자연을 다루는 철학이라며, 과학철학의 세계를 소개해 주셨다. 또 물리적 실재를 전제하며 궁극적인 법칙을 추구하는 현대물리학과 불교의 유사성에 관해서도 논의하였다. 소 교수님과 만난 인연은 이후 내가 런던대학교로 유학을 떠나 과학사과학철학 분야를 선택하는 중요한 배경이 되었다.

⌀ 최고의 물리학자 리처드 파인만

또 다른 물리학자는 직접 만나지는 못했지만 '빨간 책'으로 유명한 리처드 파인만Richard Feynman 교수이다. 드럼 치는 과학자로도 유명한 파인만은 지칠 줄 모르는 호기심으로 물리학계에 신선한 바람을 몰고 왔던 미국의 물리학자이며, 아인슈타인과 더불어 20세기 최고의 물리학자로 평가받고 있었다. 그가 캘리포니아공과대학교 교수 시절에 학부생을 위해 공동 집필한 『파인만의 물리학 강의The Feynman Lectures on Physics』는 대학 시절 우리의 물리학 교재이기도 했다. 책 표지가 빨간색인 그 책을 가슴에 끼고 다니면 파인만과 같은 열정을 품을 수 있을 것만 같은 생각에 한동안 그 책을 두

손으로 꼭 껴안고 다녔다. 언젠가 기회가 되면 나 역시 대학생을 위한 좋은 교재를 집필해야겠다는 다짐도 하면서 말이다.

○ 파인만 씨, 농담도 정말 잘하시네요

1987년에 『파인만 씨, 농담도 정말 잘하시네요! Surely You're Jocking, Mr. Feynman!』** 가 번역 출간되어 나왔을 때 무척이나 반가웠다. 파인만의 자서전이라고 하니 늘 궁금하던 파인만의 유쾌함과 지적 호기심의 원천을 알아낼 수 있겠다는 기대감이 컸다. 책 표지에는 '노벨상을 수상한 괴짜 물리학자의 자전적 이야기 모음'이라는 부제가 붙었고, 무한한 호기심과 끝없는 회의, 분노와 같은 당돌함이 독특하게 혼합됨으로써 폭발적이고 흥미진진한 사건으로 점철된 생애를 살았던 과학자로 소개되어 있었다. 또 미국 육군 정신과 의사에게 정신병자로 판정받고서도 노벨 물리학상을 수상한 유일한 과학자라고도 소개되어 있었다. 호기심은 더욱 커졌다. 세상에 어떻게

---

* 1961년 9월부터 1963년 5월 사이의 2년간 학부생을 대상으로 강의한 내용을 편집하여 엮은 이 강의록의 저자는 리처드 파인만과 로버트 레이턴(Robert B. Leighton), 매슈 샌즈(Matthew Sands)이다. 책 표지가 빨간색이다.

** 흥미로운 점은 이 자서전을 파인만이 쓴 것이 아니라 그와 함께 드럼을 연주하던 랠프 레이턴이 파인만에게 들은 이야기를 엮어 출간했다는 사실이다.

이런 사람이 있을 수 있을까? 노벨 물리학상을 받을 정도로 훌륭한 물리학자였던 파인만은 동시에 보통 사람들이 이해하기 힘들 정도로 특이한 면이 많은 괴짜였던 모양이다. 본격적으로 그를 탐구해 보기로 마음먹고 책을 펼쳐 들었다.

○ 진지와 재미 사이

『파인만 씨, 농담도 정말 잘하시네요!』라는 책은 제목만으로도 사람들의 시선을 끌기에 충분하다. 사실 이 때문에 책은 대중의 인기를 크게 누렸다. 제목만으로 책을 접한 사람은 '파인만이 정말로 농담jocking을 잘했던 사람'이라고 생각할 수도 있을 테고, 좀 더 학구적인 성향을 지닌 사람이라면 책을 읽으면서 도대체 파인만이 얼마나 농담을 잘했는지 찾아보자고 마음먹었을 수도 있다. 나 역시 별반 다르지 않았다. 그런데 책을 다 읽고 보니 그는 사실상 농담과는 거리가 먼 사람이었다. 즉 농담을 즐기는 사람이 아니었던 것이다. 오히려 그는 진지하지 않아도 될 일에 너무나 진지하고, 자신만의 재미를 추구하느라 남들 시선에 아랑곳하지 않으며, 때로는 지나치도록 솔직하게 자신의 의견을 가감 없이 표현하여 주변 사람을 곤혹스럽게 만들곤 했다. 그런데도 이 책의 제목은 파인만이라는 사람의 모든 특성을 함축적으로 표현하기에 더할 나위 없이 정확하고 완벽하다는 생각이 든다. 왜일까?

오후의 차 모임

책의 제목은 파인만이 프린스턴대학교에 도착하던 날 일어난 한 에피소드에서 기인한다. 당시 프린스턴대학교는 상대적으로 나중에 생겨난 매사추세츠공과대학교MIT와 달리 영국의 옥스퍼드대학교나 케임브리지대학교처럼 오랜 전통과 의식을 계승해 오고 있었다. 저녁 식사 때 학생들은 대학 가운을 입고 밥을 먹어야 했으며, 영국 전통을 그대로 계승한 오후의 차 모임tea party*도 있었다. 파인만은 프린스턴대학교를 찾은 첫날 오후에 물리학과 학장이 주관하는 '오후의 차 모임'에 초대받게 되었다. 오후의 차 모임이라? 한 번도 차 모임을 경험해 보지 않았던 파인만은 다소 어색한 태도로 참석했는데, 사람들과 섞여 대화를 나누는 도중에 한 부인이 그에게 물었다고 한다. "파인만 씨, 차에다 우유를 넣으시겠어요? 아니면 레몬을 넣으시겠어요?" 파인만은 아무 생각 없이 "둘 다 넣

---

* 영국식 애프터눈 티는 홍차에 우유를 넣거나 아니면 레몬만 넣는다. 동시에 둘 다 넣는 일은 없다.

겠습니다. 감사합니다."라고 대답했다. 그러자 그 부인이 큰 소리로 "헤헤헤!" 웃기 시작하더니 "파인만 씨, 농담도 정말 잘하시네요!" 라고 말했다는 것이다.

○ 홍차에 우유와 레몬

파인만은 당황스러웠지만 자신의 어떤 말 혹은 행동이 그 부인을 그토록 크게 웃도록 만들었는지 전혀 알지 못했다. 영국식 전통에 따르면 차에는 우유를 넣거나 혹은 레몬을 넣거나 하지, 둘 다 넣는 일은 없으며 이는 격식에 어긋나는 일이었는데, 파인만은 이를 전혀 몰랐던 것이다. 그 부인은 뜻밖의 대답에 "헤헤헤!" 웃으면서 한편으로는 의아해하고 다른 한편으로는 파인만이 아직 프린스턴이라는 최고 명문 대학교에서 품격 있게 통용되는 전통과 격식을 모르는 촌뜨기라고 조롱했던 것이다. 그렇지만 당시의 일을 회상하던 파인만은 "나는 차^{tea}가 무엇인지도, 왜 차를 마시는지도 알지 못했다! 내게는 사교적 능력 같은 것이 전혀 없었고, 그런 종류의 경험을 해 본 적이 없었다."라면서 자신이 당시 그 문화에 익숙하지 못한 신출내기였음을 솔직하게 고백한 것이다. 파인만은 솔직하며 상대의 조롱을 기분 나빠 하지 않고, 편견에서 자유로우며 어떤 강요된 권위나 겉치레는 무척 싫어했다. 그것이 바로 파인만의 성품이었던 것이다.

✎ 맨해튼 프로젝트

『파인만 씨, 농담도 정말 잘하시네요!』에는 5부에 걸쳐 크고 작은 에피소드 40가지가 등장한다. 그중 특히 흥미로운 부분은 파인만과 동료 과학자들이 맨해튼 프로젝트Manhattan Project* 가 진행 중인 로스앨러모스에서 생활하는 모습이다. 일반적으로 알려진 파인만의 이미지는 자신이 좋아하고 흥미 있어 하는 일이나 연구에 몰입한 나머지 시대정신은 부족한 인물이라는 것이다. 하지만 책에서 보는 파인만은 그런 대중적 이미지와는 많이 다르다. 파인만은 맨해튼 프로젝트에 참여한 이유를 "우리 모두에게 일어났던 일은 좋은 이유에서 시작된 것이었다."라고 말한다. 그리고 자신은 과학자로서 "무언가를 달성하고자 매우 열심히 일했고, 그것이 바로 즐거

---

* 맨해튼 프로젝트는 제2차 세계 대전 중 원자폭탄을 만들던 프로젝트이다. 미국의 과학자들과 나치를 피해 미국에 와 있던 유럽의 과학자들이 공동으로 참여했다. 뉴멕시코주의 로스앨러모스는 높은 산과 깊은 골짜기로 둘러싸여 있어 비밀 프로젝트를 진행하기에 적합한 곳이었다.

움이요 흥분되는 일이었다."라고 썼다. 결핵으로 병원에 입원해 있던 아내와 주고받던 편지조차 검열되던 암울한 시대를 지냈는데도 그는 항상 과학자로서 과학 연구의 최전선에 있음을 자랑스러워했으며, 연구 성과를 얻을 때마다 환성을 질렀다. 첫 번째 트리니티 원폭 실험을 맨눈으로 목격했을 때 그는 "그 정도 거리에서 그런 강력한 소리가 난다는 것은 그것이 실제로 작동했다는 것을 의미하기 때문에 특별히 나는 마음이 놓였다."라고 기술했다.

과학자의 시대정신

그러나 제2차 세계 대전이 끝난 어느 날 그는 "원자폭탄이 투하된 이후 나는 뉴욕에 있는 식당에 앉아 바깥 건물들을 바라보면서, 히로시마의 폭탄 피해 범위가 얼마나 큰 것이었는가를 생각하기 시작했다."라고 썼다. 인류의 대의를 위해 과학 연구를 시작했던 한 과학자가 이제 과학자의 연구와 그 연구 결과물을 사용하는 것은 완전히 다른 차원의 문제임을 깨달았고, 과학자의 사회적 책

---

* 1939년 8월 2일 알베르트 아인슈타인이 서명하여 미국 대통령 프랭클린 D. 루스벨트 앞으로 보낸 아인슈타인-실라르드 편지에는 나치 독일이 먼저 핵무기를 개발할 수 있다는 우려와 함께 핵무기 개발을 요청하는 내용이 담겨 있다. 이 편지와 함께 맨해튼 프로젝트가 시작되었다.

임이 어디까지인지를 고민하고 성찰하게 된 것이다. 파인만을 비롯하여 연구의 최첨단에서 몰입하던 당시 과학자들은 시대정신을 갖지 못했다기보다는, 비록 인류 평화라는 시대정신과 함께 출발했고 그 누구보다 연구에 전념했지만 미처 그 결과물을 누가 어떻게 사용할지 그리고 사용 결과가 얼마나 인류에게 파괴적일지를 생각할 시간과 기회를 미처 얻지 못한 것이 아닐까? 그래서 전쟁이 끝난 후 과학자들은 핵을 안전하게 사용할 것과 국제적인 규제가 필요하다는 것을 제안했고, 이는 1955년 러셀-아인슈타인 선언으로 이어졌다. 이후 1957년 캐나다에서 열린 퍼그워시 회의에서는 과학자 22명이 핵무기 철폐에 관한 논의를 시작했다.*

○ 페인트를 섞으면

책에 등장하는 수십 가지 에피소드는 파인만의 여러 특성을 보여 주기에 매우 충분하다. 그중 하나가 권위를 향한 의심 혹은

---

* 핵폭탄이 일본에 투하된 후 아인슈타인은 핵무기 개발을 촉구한 것을 후회했고 핵무기 반대 목소리를 내기 시작했다. 또 아인슈타인은 제2차 세계 대전 종식 후에도 핵무기 개발이 지속되자, 반핵운동가로서 자국만 원자폭탄을 보유하겠다는 미국 정부의 핵 정책은 위선적이라고 비판했다. TV에 출연해 당시 미국 대통령이었던 해리 트루먼 대통령을 겨냥해 "수소폭탄 개발은 인류의 파멸을 초래할 것"이라며 강도 높은 발언을 하기도 했다.

실험 정신이라고 부를 수 있는 모습이다. 파인만이 자주 가던 한 식당에서 벽면을 새로운 색으로 바꾸는 일이 있었다. 어느 날 페인트공과 만나게 되었는데, 페인트공은 자신의 전문 분야라면서 페인트칠에 관한 다양한 이야기를 늘어놓았다고 한다. 페인트공이 "붉은색과 흰색 페인트를 섞으면 노란색을 얻을 수 있어요."라고 말하자 그 말을 잠자코 듣고 있던 파인만은 "분홍색 아닌가요?"라고 반문했다. 페인트공은 계속 노란색이라고 주장했고, 식당 아주머니는 하찮은 대화를 그만두라며 제지했다. 이에 파인만은 붉은색과 흰색 페인트를 구매하여 들고 와서 페인트공에게 노란색을 만들어 보라고 했다. 그러자 페인트공은 두 가지 색 페인트를 섞은 다음 노란색 색소를 넣으면서 "사실은 노란색을 넣는다."라고 실토했다는 것이다.

✎ 재미와 즐거움

책을 관통하는 또 한 가지 메시지는 재미와 즐거움 추구이다. 파인만은 자신이 얼마나 재미를 추구해 온 사람인지를 다양한 사례로 아주 잘 설명하고 있다. 물론 과학적 연구도 대부분 그런 재미 추구에서 기인한다. 식당에서 우연히 접시 돌리는 사람을 바라보다가 흔들거리는 접시 위에 놓인 대형 메달이 더 빨리 돌아가는 이유를 밝히려고 한 것이나 여성의 누드를 그린 일은 재미있어서 했을 뿐 다른 특별한 의미가 있어서는 아니라고 말한다. 그는 무슨 일이든 "재미가 있으면 아무리 어려운 일이라도 마치 병마개를 따는 것처럼 힘들이지 않고 흘러나온다."라는 아주 중요한 말을 한다. 그러고는 "내가 하던 일은 아무런 중요성도 없어 보였지만, 결국에는 중요해졌다. 나로 하여금 노벨상을 타게 만든 수많은 도표는 한 식당에서 접시 돌리는 사람을 보면서 궁금해한 바로 그 문제를 풀려고 한, 그런 아주 시시한 일에서 시작되었다."라고 말했다.

✎ 노벨 과학상

파인만은 1965년에 양자전기역학의 재규격화이론^{renormalization} ^{theory*}을 완성하여 노벨 과학상을 수상했다. 지나칠 정도로 솔직함, 개구쟁이 소년을 능가하는 장난기, 사물을 향한 무한한 호기심, 한 번 관심을 두면 어떻게든 해결해 내려는 놀라운 집중력과 실천력

---

* 전자기장이 없을 때 전자가 갖는 맨 질량은 관측되는 질량과는 다르다. 전자의 질량을 이론적으로 예측하다 보면 질량값이 무한대로 발산하는 문제(divergence difficulty)가 발생하는데, 파인만은 이를 재규격화이론으로 해결했다.

을 지닌 데다가 겉치레와 위선을 무척이나 싫어하고 타인의 시선은 전혀 아랑곳하지 않았던 파인만. 그가 1988년 암으로 세상을 떠났다는 소식을 접했던 당시 나는 갖가지 난관을 헤치며 서서히 과학사 학도로 변신해 가고 있었다. 돌이켜 보면 내가 과학사 학도가 되겠다고 한 것은 어쩔 수 없는 선택이 아니라 파인만이 말한 것처럼 과학이 나에게 아주 재미있고 즐거운 일로 보였기 때문인 것 같다. 파인만 그가 우리에게 남긴 것을 한마디로 정의해 보라고 한다면 나는 기꺼이 이렇게 말하겠다. "당신이 재미있는 일을 하라."

『파인만 씨, 농담도 잘하시네!』

Surely You're Joking, Mr. Feynman!

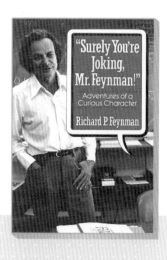

리처드 파인만, 랠프 레이턴 저 | 1985년(미국)

리처드 파인만 박사는 아인슈타인과 함께 20세기 최고의 물리학자로 불린다. 양자역학을 재정립해 노벨 물리학상을 수상한 그의 독특하고도 재미있는 인생 이야기이다. 초기 양자역학이 20년 가까이 부정확한 해(解)나 근사치만 산출하고 있을 때, 이를 새롭게 규정하여 놀라운 정확도를 얻는 데 가장 크게 공헌했다. 그는 상호작용을 하는 입자계의 형태를 기술하는 데 필요한 복잡한 수학적 표현을 쉽고 간단하게 도식화하는 도형을 고안했는데, 바로 유명한 '파인만 다이어그램'이다. 이러한 일련의 연구는 상호작용을 관찰하고 예측하는 데 사용하는 계산의 일부를 크게 단순화했고, 파인만은 이 업적을 인정받아 미국의 줄리언 슈윙거, 일본의 도모나가 신이치로와 함께 노벨 물리학상을 받았다.

이 책은 파인만의 삶의 다양한 사례를 다루고 있다. 책에 실린 일화는 파인만의 친한 친구이자 드럼 연주 파트너인 랠프 레이턴과 나눈 녹음된 대화를 바탕으로 작성되었다.

이 책에는 파인만의 수많은 명성과 업적 뒤에 가려 있던 솔직하고 재미있는 에피소드가 담겨 있다. 그는 과학자를 비롯해 지식인의 전형적인 모습을 완전히 벗어던지고 연구실과 강의실, 거리의 수많은 사람과 겪은 재미있고도 괴상한 일화를 많이 남겨 놓았다.

2장

누가
아우슈비츠의
비극을
가져왔는가?

제이컵 브로노프스키

『인간 등정의 발자취』

⟋° 런던 유학

런던으로 떠나기 전 주변 친구들은 유학 생활이 어려울 것이라며 많은 걱정을 해 주었지만 별로 개의치 않았다. 서울에서 유학 생활을 경험해 본 덕분에 그리 큰 걱정은 하지 않았던 것이다. 하지만 막상 런던에 도착한 첫날부터 어려움에 봉착했다. 우선은 영국 사람들에게 한국의 존재가 매우 미미하다는 사실이었다. 1988년 올림픽을 개최하면서 존재감이 드러나기는 했지만 사람들은 한국을 아주 가난하고, 한국 전쟁을 치른 국가 정도로 이해하고 있었다. 그래서 가장 어려운 점은 대한민국을 설명하는 일부터 시작해야 한다는 것이었다.

그런데 그로부터 40년이 지난 오늘은 어떠한가? 한국의 BTS를 비롯한 아이돌 그룹은 빌보드 차트를 석권하며 전 세계 젊은이가 가장 사랑하는 스타가 되었고, K-pop은 전 세계 누구를 만나더라도 가장 흥미로운 대화 주제가 되었다. 해외를 여행해 본 사람들은 우리나라의 높아진 위상을 실감할 것이다. 이 얼마나 엄청난 변화이고 발전인가? 대한민국의 성장과 함께 나의 60대를 맞이한다는 것은 대단한 기쁨이 아닐 수 없다.

⌒° 킹스 칼리지 어학센터

사회단체가 운영하는 '프렌드십 하우스'라는 기숙사에서 결혼과 함께 유학 생활을 시작했다. 하지만 바로 공부를 시작하지는 못했다. 미래의 지도 교수가 될 분과 만나기로 한 날에 생각지도 못한 소식을 들었기 때문이다. 그분은 사정이 생겨 부득이하게 미국 대학으로 옮기게 되었고, 같이 갈 수 있겠느냐고 내게 물었다. 지도 교수가 없다는 것은 곧 장학금이 없음을 의미하므로, 이미 혼자가 아니었던 나는 이러지도 저러지도 못하는 신세가 되고 말았다. 물리학자가 되겠다는 희망 하나로 한국에서 펼칠 수 있는 모든 가능성을 정리하고 떠나온 길이었기에 참으로 난감하기 그지없었다.

새로운 지도 교수를 찾기까지는 최소 반년 혹은 1년을 기다려야 했다. 그러던 어느 날 런던대학교 킹스 칼리지의 어학센터를 방문했다. 내 순서를 기다리다가 이제 막 생겨나는 '과학사 및 과학철학' 과정을 소개하는 팸플릿에 눈이 닿는 순간 마음이 동했다. 과학사 과학철학이라? 그것도 석사 과정으로? 남편은 물리학을 공부하기 전에 과학사를 공부해 두는 것은 아주 좋은 생각이라며 적극 추천해 주었다. 다행히 지금으로 가져간 약간의 여윳돈으로 학비는 겨우 충당할 수 있을 것 같았다. 그렇게 과학사 과학철학 분야를 선택하게 되었는데, 그때는 내가 다시는 물리학 분야로 돌아가지 못할 것과 평생 과학사 분야를 공부하며 살게 될 것임을 전혀 알 수가 없었다.

⟋° 과학이란 무엇인가

미리 준비하던 분야도 아니고 갑작스럽게 결정한 탓에 과학사 공부는 시작부터 어려웠다. 지금처럼 구글 번역이나 위키피디아가 있는 시절이 아니었기 때문에 역사학이나 철학 용어를 이해하는 데 많은 시간이 걸렸다. 맨 처음 앨런 차머스 Alan Chalmers의 『과학이란 무엇인가? What is this thing called science?』를 접했는데, 도대체 무슨 내용인지 이해되지 않았다. 단어의 의미도 알고 문장도 해석할 수 있지만 이해는 되지 않았던 것이다. 마음이 초조해지면서 무언가 잘못된 길로 들어섰다는 느낌이 강하게 들었다. 강의 시간에 유창하게 질문하는 유럽 유학생 동기들이 부러우면서 얄밉기도 했다. 그러다가 문득 중학교 시절에 배운 한 구절이 입 안에서 맴돌았다. "독서백편의자현(讀書百遍義自見)이라!"* 백번 읽으면 몰랐던 글도 이해된다는 말이니 우선 열 번을 읽어 보기로 했다. 놀랍게도 열 번 읽어 보기로 한 책을 다섯 번쯤 읽을 때부터 이해되기 시작했다.

✏° BBC 다큐멘터리

그 시절 나는 TV 시청에서 큰 위안을 받았다. 화면으로 내용을 짐작할 수 있는 요리 프로그램을 특히 즐겨 보았는데, 어느 날 그곳에서 한 중년 남자를 발견했다. 외형이나 말투로 보아 영국 사람이 아닌 것 같은 그는 열정적 제스처와 함께 아주 품격 있고 세련된 영어를 구사하고 있었다. 인류의 진보 역사를 기본적으로는

---

* 『삼국지(三國志)』 '위서(魏書)' 13권(卷) '종요화흠왕랑전(鍾繇華歆王朗傳)'에 나오는 동우(董遇)의 고사(古事)에서 비롯된 말이다. 어려서부터 유달리 학문을 좋아하여 늘 옆구리에 책을 끼고 다니며 독서에 힘썼다는 동우에게 제자로 배우겠다는 사람들이 각지에서 몰려들자 그는 "마땅히 먼저 백번을 읽어야 한다. 책을 백번 읽으면 그 뜻이 저절로 드러난다(必當先讀百遍, 讀書百遍其義自見)."라고 말하며 사양했다고 한다.

과학과 기술의 발전과 함께 설명하는 듯했는데 문학·철학·예술 분야를 자유롭게 넘나들었다. 다큐멘터리가 끝나고 자막에 나타난 그의 이름은 폴란드 출신 제이컵 브로노프스키J. Bronowski, 1908~1974[*]였다. 나치를 피해 영국으로 건너온 유태인 수학자이자 과학철학자인 브로노프스키는 BBC가 제작하는 다큐멘터리 '인간 등정의 발자취The Ascent of man' 기획에 처음부터 참여하여 3년 동안 전 세계를 돌며 진행자로 나섰다. 그 다큐멘터리는 1973년 성황리에 방영되었고 1988년에 재방송되고 있었던 것이다.

⌐ 인간 등정의 발자취

다큐멘터리 '인간 등정의 발자취'의 성공에 힘입어 다음 해에 동일한 제목으로 책이 출간[**]되었다. 거의 500페이지에 달하는 방대한 분량이다. 서문에서 밝히고 있듯이 다큐멘터리 제작 작업에 자신의 모든 에너지를 송두리째 바쳐서인지 브로노프스키는 안타

---

[*] 브로노프스키는 당시 BBC 인사이트 프로그램에 출연하여 수학과 물리학 그리고 인간지능 등에 관해 설명하던 뛰어난 해설가로 유명했으며, 미국으로 건너가 미국 솔크 생물학 연구소(Salk Institute for Biological Studies)에서 일하다가 1년 휴가를 받아 다큐멘터리 제작에 참여했다.

[**] 우리나라에서는 1985년과 2009년에 범양사와 바다출판사에서 출간되었다.

깝게도 다음 해에 세상을 떠나고 말았다. 다큐멘터리와 책에서 브르노프스키가 제기하고 답을 찾으려 했던, 간단하지만 아주 근본적인 질문은 '도대체 우리 인간을 인간으로 만드는 요인은 무엇인가?'이다. 도대체 어떻게 해서 인간은 다른 동물과 다르게 오늘날과 같은 영광스러운 '인간'이 되었는가? 더 구체적으로, 인간은 어떻게 동물과 다른 여러 가지 손재주와 관찰력을 갖추었으며 깊은 사고를 하는 존재가 되었는가? 어떻게 인간은 열정을 품게 되었으며 언어와 수학의 표상을 만들어 낼 수 있는가? 또 예술과 기하학과 시와 과학적 상상력을 갖고 그것을 실제 구현하게 되었는가? 또 인간은 어떻게 해서 자연에서 일어나는 여러 작용을 탐구하게 되었고 또 그 탐구에서 얻어 낸 지식에 열광하는 존재가 되었는가?

∘ TV 진행자

매주 다큐멘터리를 기다리면서 나는 점점 더 브로노프스키에게 빠져들었다. 인류 역사를 여러 학문 분야를 아우르며 통합적으로 바라보는 그의 관점은 무척 새롭고 매력적으로 다가왔다. 이제 막 시작했고 그래서 많은 어려움에 직면해 있던 과학사 공부를 어렵지만 잘 끝내야 한다는 생각이 들기 시작했다. 그리고 언젠가는 나도 브로노프스키처럼 TV 다큐멘터리에 진행자로 나서서 과학의 역사를 우리 인류 문명 혹은 문화와 연관 지어 많은 사람에게 설명해 주고 싶다는 꿈을 막연하게나마 갖기 시작했다. 그때의 꿈은 정말 기적처럼 30년이 지난 후 실현되었다. 2015년에 출간한『세계의 과학관』이 많은 대중적 호응을 얻으면서 책의 내용을 다큐멘터리로 만들어 보자는 제안이 들어온 것이다. 세계 명품 도시에 남아있는 과학에 얽힌 기억과 그 도시에 살았던 과학자의 흔적을 따라가 보자는 내용의 책이 TV 3부작 다큐멘터리로 제작되는 기회가 생긴 것이다. 나는 런던, 파리, 피렌체, 프라하, 스톡홀름, 도쿄라는 세계 5대 명품 도시를 돌며 광주 MBC의 다큐멘터리 '세계의 도시, 과학을 만나다' 기획에 참여하게 되었다. 실제로 나는 브로노프스키처럼 진행자가 되어 각국의 과학자를 만나고 인터뷰하는 중요한 경험을 했다. 꿈을 꾸면 언젠가는 이루어지는 모양이다. 그 꿈을 계속 간직하고 있다면 말이다.

상상력, 이성, 정서적 예민함 그리고 강인함

브로노프스키의 출발점은 제1장의 첫 구절에 아주 분명히 명시되어 있다. "인간은 특이한 존재이다. 인간은 동물과 구별되는 일련의 재능을 가지고 태어난다. 그래서 다른 동물과 달리 인간은 '풍경 속의 한 형상the figure in the landscape'이 아니라 '풍경을 만들어 가는 주체the shape of landscape'이다." 그러면 인간은 어떻게 새로운 풍경을 만들어 가는 유일한 주체가 되었는가? 이 질문에 그는 상상력imagination, 이성reason, 정서적 예민함emotional subtlety 그리고 강인함toughness이라고 답한다. 이 네 가지로 인간은 동물과 다른 진화를 이루어 냈고 또 새로운 풍경을 만들어 왔다는 것이다. 상상력과 이성을 활용하여 인간은 다양한 발명품을 만들고, 그 발명품을 활용하고 응용하면서 주어진 환경을 변화시켰다는 것이다. 섬과 섬을 연결하는 다리, 도시에 새로 들어서는 첨단 건축물, 바다를 간척하여 만든 농지 등 모든 것은 인간이 만들어 낸 발명품 덕분에 가능해진 것들이다.

융합적 특성

여기에 더해 인간은 강인함으로 자신에게 처해진 자연환경의 어려움을 극복해 왔으며, 정서적 예민함으로 미술과 음악 등 예술 활동을 전개해 왔다. 13장으로 구성된 책에서 브로노프스키는 기존의 인류 문명사나 과학기술사 저술들처럼 기본적으로 과학 기술을 중심으로 다룬다. 그렇지만 연대순으로 인류 문명 진보의 역사를 설명하기보다는 상상력과 이성, 정서적 예민함과 강인함이라는 네 가지 키워드를 중심으로 시간과 주제를 자유롭게 넘나드는 융합적 특성*을 갖추었다. 그가 스스로 말하는 것처럼, 그는 인류 최초의 탄생부터 현대 문명에 이르는 과학의 역사history를 다루었다기보다는 과학의 철학philosophy을 다루었으며, 과학science의 철학이라기보다는 자연nature의 철학을 다룬다. 자연을 탐구하면서 기술을 발전시켜 온 인류의 힘, 그 힘의 원동력을 탐구한『인간 등정의 발자취』는 생물학적 진화를 넘어 인류가 성취해 온 문화적 진화의 여정이자 기록이며, 동시에 문화적 진화가 나아가야 할 방향을 고민한 브로노프스키의 생각을 담고 있다.

⌕ 지식과 절대성

그러한 고민을 가장 잘 보여 주는 부분이 바로 11장 '지식과 절대성knowledge and certainty'이다. 이 장에서 그는 과학의 사용 혹은 과

---

* 이후 특정 콘셉트를 중심으로 역사를 서술하는 융합적 성격을 띤 책들이 출간되었다. 대표적으로 1999년에 총기와 병균과 금속이 역사에 미친 엄청난 영향을 다룬 재러드 다이아몬드의『총, 균, 쇠』가 있고, 유인원부터 사이보그까지를 상상력이라는 키워드로 설명해 내는 2011년 유발 하라리의『사피엔스』가 있다.

학적 연구 결과물의 사용이라는 문제를 다루고 있다. 1945년 8월 6일 오전 8시 15분, 일본 히로시마에 떨어진 최초의 원자폭탄은 그에게뿐 아니라 그 주변 지식인들에게 엄청난 충격을 주었다. 그는 책에 다음과 같이 쓰고 있다. "히로시마에서 돌아온 지 얼마 지나지 않았을 때 누구인가 실라르드 Leo Szilard, 1898~1964 가 있는 자리에서, 과학자들의 발견이 파괴를 위해 사용된 것은 과학자들의 비극이라고 말했다. 그러자 누구보다도 이 말에 답할 권리가 있던 실라르드가 그것은 과학자들의 비극이 아니라 바로 인류의 비극이라고 말했다." 그는 또 아우슈비츠의 건물 앞에 조용히 서서 말한다. "이곳은 전쟁 때문에 400만 명의 재가 흩어져 있는 곳이지만, 그 비극적 사건은 과학적 발명품인 독가스 때문에 일어난 것이 아니다. 그것은 바로 인간의 오만과 독단 때문에 일어난 것이다."라고. 원자폭탄이 가져온 엄청난 비극과 아우슈비츠 강제 수용소에서 일어난 참혹한 폐해는 과학적 연구 때문에 일어난 것이 아니라 바로 자신들의 생각과 지식이 절대적으로 옳다고 믿으며 행동한 인간들의 무지에서 비롯된 것이라는 말이다. 그는 힘을 주어 말한다. 과학은 아주 인간적인 지식의 형태이며, 어떻게 사용하느냐에 따라 선이

---

* 나치를 피해 영국에 머물다 미국에서 활동한 헝가리 출신 물리학자이다. 1933년에 핵 연쇄 반응을 발견했고, 1939년에는 아인슈타인과 함께 루스벨트 미국 대통령에게 아인슈타인-실라르드 편지를 보내 핵무기 개발을 비밀리에 건의했다. 하지만 핵무기 투하를 반대한 그는 실라르드 청원서(Szilard petition)를 작성하여 해리 트루먼 신임 미국 대통령에게 건의하기도 했다.

될 수도, 또 악이 될 수도 있다고.

✎ 문화적인 진화

브로노프스키가 책 제목을 '인간 등정의 발자취'로 한 이유는 1871년에 찰스 다윈이 출간한 『인간의 유래The Descent of Man and Selection in Relation to Sex』와 연관이 깊다. 다윈이 원시인에서 현대의 인간으로 진화해 내려온descent 인간의 '생물학적' 진화를 다루었다면, 자신은 인간이 다른 형태의 진화를 거쳐 상승ascent해 온 역사를 다루겠다는 것이다. 그는 다윈이 말한 것처럼 인간은 주어진 환경에 적응함으로써 살아남아 생물학적 진화를 거듭해 온 존재이지만 동시에 주어진 환경을 변화시키는 유일한 존재로서 또 다른 형태로 진화를 거듭해 왔다고 말한다. 인간은 여러 시대를 거쳐 수많은 발명을 하면서 자기 환경을 변화시키고 또 변혁시키는 다른 종류의 진화를 거듭해 왔는데, 자신은 그것을 생물학적 진화가 아닌 '문화적 진화cultural evolution'로 부른다고 말한다. 즉, 책 제목이 의미하는 것은 찰스 다윈의 시간적 순방향으로 흐르는 생물학적 진화와 대비되어 어찌 보면 시간적 역방향으로 흐르는 문화적 진화이다. '인간의 등정'은 다름 아닌 눈부신 문화적 진화의 단계 단계를 일컫는

봉우리들이며, '인간의 등정'에서 가장 힘찬 추진력은 자신의 기량을 갈고닦으면서 앞으로 전진할 때 맛보는 기쁨이다.

○ 과학을 어떻게 사용할 것인가

다큐멘터리가 거의 끝나갈 무렵에 나의 영어 실력은 상당히 늘었고, 과학사 공부에도 자신감을 갖게 되었으며, 무엇보다도 '과학을 어떻게 사용할 것인가'라는 이슈를 깊이 생각하게 되었다. 그때 이후 지금까지 나에게 가장 큰 연구 주제는 과학의 선한 사용이자 신기술의 영향 평가이다. 2000년대 들어 우리나라도 새로운 첨단 기술을 도입할 때 그 기술이 우리 사회에 미치는 여러 가지 영향을 미리 평가해 보는 기술영향평가제도를 도입했다. 지금은 나노 기술이 보편화했지만 초기만 해도 나노 입자를 적용한 화장품이나 치약 등이 우리 건강에 어떤 영향을 미칠 것이며 우리 삶에 미치는 부정적 영향력을 최소화하려면 어떤 제도를 만들어야 하는지를 나름 활발하게 논의했다. 나는 과학문화 전문가로서 나노 기술의 영향평가와 나노 소재 기술영향평가에 참여하여 나노 기술의 사회문화적 측면과 대응해야 하는 이슈를 고민하고 제도로 만드는 정책적 제언에 참여한 적이 있다. 이후에는 대중적인 글쓰기를 활발하게 함으로써 디지털 기술을 도입하는 데 따르는 여러 가지 문제점을 고민해 왔고, 최근에는 첨단 기술의 윤리적·법적·사회적 함의 연구인 ELSI ethical, legal and social implication 연구에 많은 관심을 두고 있다. 아시아에서는 일본 오사카대학교에 ELSI 센터가 자리 잡고 있으며, 향후 이 대학과 공동 연구를 추진할 예정이다.

챗GPT

오픈AI가 챗GPT를 출시한 지 2개월 만에 월 사용자 1억 명을 돌파했다는 소식에서 알 수 있듯이 인공지능, 빅데이터 등 IT 기술의 진보는 예측하기가 어려울 정도로 재빠르게 진행되고 있다. 이 새로운 기술들로 우리 삶은 이미 엄청난 변화를 겪고 있으며, 앞으로 어떠한 긍정적 혹은 부정적 영향이 미칠지 현재로서는 아직 잘 알 수가 없다. 충분히 논의하고 대비할 시간이 없을 뿐만 아니라 사실 논의할 기회를 마련하기도 쉽지 않다. 이러한 상황에서 우리는 자신도 모르게 유행에 휩쓸려 새로 출시되는 기술을 사용하고는 하는데, 인공지능 알고리즘은 나에 관해 나보다 더 잘 알고 있다. 내가 소셜 미디어에서 주고받은 사적 대화를 기억하고, 선호하는 상품 리스트와 업무로 주고받는 이메일, 유튜브에 댓글로 다는 정치적 견해 등을 모두 로데이터$^{raw\ data,\ 미가공\ 데이터}$이자 빅데이터로 수집한다. 이제 우리는 자유주의, 사회주의, 민주주의, 공산주의 따위의 이념이 아니라 기술을 활용한 감시를 받는 동시에 안전^{security}을 확보한 사회에서 살 것인지, 아니면 기술의 방향과 속도를 조정하면서 자유와 사생활^{privacy}이 보호되는 사회에서 살 것인지, 즉 '활용'과 '제한'을 선택해야 하는 시대에 살게 되었다. 정확하게 40년 전 브로노프스키가 말한 것처럼, 이제는 '과학의 사용'이 가장 중요한 화두가 되었다. 그렇다면 당신에게 묻는다. 당신은 지금 어떤 세상에서 살고 있는가? 혹은 당신은 어떤 세상에서 살고 싶은가?

『인간 등정의 발자취』

The Ascent of man

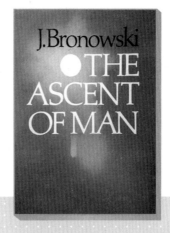

제이컵 브로노프스키 저 | 1973년(영국)

브로노프스키가 자신의 모든 연구와 에너지를 쏟아부어 펴낸 이 책은 인류가 수 세기에 걸쳐 이룩해 낸 과학적 문화적 성취를 따라 오르는 방대한 지적 대장정이라고 할 수 있다. 원시 인류의 진화부터 현대의 유전학 연구에 이르기까지 인간의 위대한 정신과 무한한 가능성을 깊이 경험할 수 있는 매우 특별한 시간을 안겨 준다.

브로노프스키는 자연과학뿐 아니라 인문·사회과학 분야에서도 놀라운 능력을 발휘한 20세기의 르네상스인으로 꼽히는 과학자이다. 1908년 폴란드에서 태어나 제1차 세계 대전 당시 독일로 이주했고, 1920년에 다시 영국에 귀화했다. 케임브리지대학교에서 최고 성적을 받으며 수학을 공부했고, 기하학과 위상기하학으로 박사 학위를 받은 뒤 헐대학교에서 강의했다. 이후 생명과학으로 관심의 영역을 넓힌 그는 1964년 생물학과 인간학의 통합적 연구를 목표로 세운 소크생물학연구소의 창립 멤버로 참여하여 선임연구원으로 일했다.

TV 미디어의 위력을 알았던 그는 종종 과학 프로그램에 출연하거나 직접 기획하면서 과학의 사회적 저변 확대에 힘썼다. 그리고 13부작으로 구성된 BBC '인간 등정의 발자취The Ascent of man'에 평생에 걸친 연구와 사유의 모든 것을 쏟아부었다. 이 시리즈는 1973년 전 세계에 방영되었고, 같은 해에 책으로 출간되어 꽤 오래 베스트셀러 자리를 지켰다.

이 책은 분명 과학사를 다루고 있지만 여기에서는 과학이 이미 자연과학의 영역을 초월해 있다. 예술, 문학, 종교, 기술, 건축 등 인간의 문화적 진화 일반까지 아우르며, 자연을 이해하고 그것에 적응할 뿐 아니라 지배한 인간 능력의 탁월한 발달 역사를 담고 있다.

3장

과학의
조건은
무엇인가?

칼 포퍼

『과학적 발견의 논리』

레드브릭 대학

내가 석사 과정을 공부하던 킹스 칼리지King's College의 과학수학 역사 및 철학History and Philosophy of Science and Mathematics과는 런던대학교의 여러 칼리지와 연계된 협동 과정이었다. 그래서 여러 대학교 강의실로 옮겨 다니며 강의를 들어야 했다. 일반과학사는 유니버시티 칼리지University College에서, 생물학사와 의학사는 임페리얼 칼리지Imperial College에서, 확률철학은 런던정치경제대학교London School of Economics and Political Science에서 강의를 들었다. 일반적으로 대학교university는 특정 캠퍼스에 여러 단과대학college이 모여 있는 종합대학을 의미하지만, 영국은 체제가 많이 다르다. 칼리지라고 부르는 대학은 작은 종합대학이고, 런던대학교 University of London* 는 이런 작은 종합대학을 통칭하여 부르는 이름이다. 세계적인 대도시 런던에 대학교가 들어선 것은 아이러니하게도 19세기 들어와서이다. 그것도 국가에서 설립한 것이 아니라 대학교를 원하던 신흥 산업 계층이 십시일반 자금을 모아 대학교를 설립했는데, 그것이 바로 유니버시티 칼리지이다. 이른바 '레드브릭red brick, 붉은 벽돌'이라고 불리는 대학들은 옥스퍼드나 케임브리지가 신학자, 의사, 법률가 등 전문직을 배출하는 교육을 담당한 것과는 달리 산업혁명과 함께 출현한 신흥 산업 계층의 과학 교육을 주로 담당했다.

○ 영어는 어려워

때로는 걷고 또 때로는 버스와 전철을 번갈아 타면서 여러 대학을 다니다 보니 런던 시내를 쉽게 파악할 수 있었다. 나는 대부분의 시간을 여러 대학교 도서관과 식당에서 보냈다. 후반부에는 특히 임페리얼 칼리지에서 의학사 강의를 들으며 바로 옆에 있

---

* 킹스 칼리지의 정식 이름은 런던대학교 킹스 칼리지이고, 유니버시티 칼리지의 정식 이름은 런던대학교 유니버시티 칼리지이다.

는 런던 과학박물관에서 많은 시간을 보내곤 했다. 당시에는 학과에서 학생들에게 전달하고자 하는 사항은 모두 학과 사무실 앞에 마련된 게시판에 붙여 놓았는데, 그 시스템에 익숙하지 않아서 강의실을 찾아 헤매기도 했다. 학과에서 유일한 여학생인 데다가 보기 드물게 아시아인이었던 나는 언어도 서툴렀고 또 결혼을 했다는 이유로 동기생들과 친하게 지내는 데 어려움이 많았다. 일주일에 거의 삼사 일을 꼬박 밤을 새워도 읽어야 할 분량을 다 소화하지 못했으며, 겨우겨우 강의를 따라가는 힘든 시간이 계속되었다. 나에 비해 그리스와 튀르키예에서 유학 온 동기들은 영어도 유창했지만, 적극적인 질문으로 나를 더 주눅 들게 했다. 특히 매주 수요일에 열리는 세미나 시간은 정말 피하고 싶었다. 질문은커녕 이해하는 것도 충분하지 못해 등에서는 긴장 때문에 땀만 흘러내렸다. 아, 정말 모든 것을 그만두고 싶었다. 사람들 사이에서 '섬'이 되는 경험을 정말로 진하게 하고 있었다.

⁄ᵒ 칼 포퍼의 마지막 강연

그러던 어느 날 한 가지 작은 사건이 발생했다. 세계적인 과학 철학자로 명성을 날리던 칼 포퍼 Karl Popper, 1902~1994 교수가 런던정치

경제대학교에서 매우 특별한 강연을 한다는 소식이 들려왔다. 학생들 사이에서는 웅성거림과 함께 흥분감이 감돌았다. 영국에 오기 전부터 칼 포퍼의 이름을 들어 알고 있던 터였다. 그 유명한 칼 포퍼를 직접 만날 기회가 생기다니, 정말 유학을 잘 선택했다는 확신까지 들었다. 그때 한 학생이 "과학사과학철학을 공부하는 우리가 함께 스터디도 하면서 포퍼 교수에게 제시할 질문을 준비하는 게 어떨까?"라며 제안했고, 나도 모르게 나도 같이 하고 싶다며 손을 번쩍 들었다. 그렇게 우리는 약 2주간 칼 포퍼의 저작을 읽으며 함께 논의하게 되었고, 그러다 보니 어느새 동기들과 점심도 같이 먹으며 가까워지고 있었다. 마침내 포퍼 교수의 강의 날이 다가왔다. 우리는 킹스 칼리지가 있는 스트랜드 캠퍼스에서 만나 건너편 런던정치경제대학교로 함께 걸어갔다. 비가 내리는 늦가을인데도 이미 그곳에는 셀 수 없이 많은 사람이 몰려들고 있었다. 비를 맞으며 자전거를 타고 온 사람, 스코틀랜드에서 전날 기차를 타고 내려온 사람, 가죽 재킷에 히피 머리 모양을 한 사람 등 정말로 다양한 사람을 만날 수 있었다. 강연장 계단까지 사람들이 가득했고, 일부는 옆 건물로 옮겨 TV 모니터를 통해 포퍼를 만나기도 했다. 강연장 안은 마치 유명 록 가수의 콘서트장 같은 열기로 가득했고, 사람들은 침묵 속에서 흥분된 눈빛을 주고받으며 포퍼 교수가 등장하기만을 기다렸다. 마침내 휠체어를 타고 그가 나타나자 누구랄

것도 없이 "포퍼! 포퍼! 포퍼!"라고 외쳤다. 얼굴에 웃음을 가득 띤 채 우리는 그의 이름을 부르며 박수를 쳤다. 나는 그날 그들과 '친구'가 되었다. 돌이켜 보면 그날이 내 인생에서 최고의 지적 경험을 한 날이고, 나는 포퍼 교수를 만난 마지막 한국인이었다. 그날의 경험은 그 이후 내내 공부하기를 포기하고 싶을 때마다 한 줄기 빛이 되어 내 앞에 나타났다. 하지만 그날 나는 그것을 전혀 알지 못했다.[*]

✎ 20세기에 가장 영향력 있는 과학철학자

칼 포퍼[**]는 20세기에 가장 영향력 있는 과학철학자로 손꼽히지만, 우리나라에서는 과학철학자보다는 『열린 사회와 그 적들The Open Society and Its Enemies』의 저자로 더 유명하다. 1938년 3월에 히틀러

---

[*] 자세히 따져 보니 나는 포퍼 교수를 만난 마지막 한국인일 듯하다. 왜냐하면 우리나라에서 포퍼 철학의 대가로 두 분을 꼽을 수 있는데, 엄정식 서강대 명예교수는 1987년에 기적처럼 포퍼 교수를 만나 비트겐슈타인주의자에서 영원한 포퍼주의자로 변화되었음을 고백했다. 또 신중섭 강원대 교수는 생전에 포퍼 교수를 무척 만나고 싶었으나 만나지 못했다고 술회하기 때문이다.

[**] 마거릿 대처 영국 수상은 자신에게 가장 큰 영향을 준 철학자로 포퍼를 꼽았으며, 노벨 의학상 수상자인 피터 메더워(Peter Medawar)와 노벨 물리학상 수상자인 자크 모노(Jacque Monod)도 포퍼를 가장 영향력 있고 탁월한 철학자로 평가했다. 세계 금융계의 큰손이자 20세기 최고의 펀드매니저인 조지 소로스(George Soros)는 런던정치경제대학교에서 칼 포퍼에게 배웠고, 1979년부터 포퍼의 사상을 실천하는 '열린사회기금(Open Society Fund)'을 설립하여 자선활동을 해 오고 있다.

가 오스트리아를 침공했다는 소식을 듣고 저술을 시작했다는 그는 20세기에 유럽을 휩쓸고 간 나치주의와 마르크스주의의 본질이 무엇인가를 밝힐 목적으로 책을 집필했다고 밝혔다. 젊은 시절에 전쟁을 겪었고, 한동안 열렬한 마르크스주의자이면서 오스트리아 사회민주당 당원으로도 활동했던 그는 1919년 6월에 한 사건을 목도하면서 마르크스주의에 근본적인 회의를 품게 되었다.* 그는 그동안 빛나는 서구 사상으로 간주되어 온 플라톤주의가 사실은 헤겔주의와 마르크스주의의 뿌리이자 자유주의에 반하는 사상이라고 주장했다. 나치주의와 공산주의는 전체주의의 대표적인 사례인데, 이들 이데올로기는 개인의 자유로운 사고와 활동을 저해하고 합리적인 비판을 방해하는, 즉 '열린 사회the open society'의 적들이었다. 그는 "역사는 열린 사회와 닫힌 사회the closed society'의 투쟁 과정"이며 닫힌 사회에서 열린 사회로 이행하는 것이야말로 인류가 수행한 가장 위대한 혁명 가운데 하나라고 주장했다.

---

* 포퍼는 "젊어서 마르크스에 빠지지 않으면 바보이지만, 그 시절을 보내고도 마르크스주의자로 남아 있으면 더 바보"라는 유명한 말을 남기기도 했다.

과학과 비과학

『열린 사회와 그 적들』은 1945년에 출간되었지만, 사실 이는 1934년에 출간된 『탐구의 논리 Logik der Forschung』에서 그가 표방한 과학철학적 입장을 사회 전반으로 확대 적용한 것이라고 할 수 있다. 『탐구의 논리』는 독일어로 쓴 탓에 출간 당시에는 거의 주목받지 못했지만, 25년이 지난 1959년에 『과학적 발견의 논리 The Logic of Scientific Discovery』라는 제목을 달고 영어로 출간되자 전 세계 과학철학계의 커다란 이목을 받았다. 그 이유는 과학철학계가 오랫동안 안고 있던 두 가지 근본적이고 골치 아픈 문제를 그가 해결해 냈기 때문이다. 하나는 과학과 비과학을 구분하는 기준이라는 '구획 demarcation 의 문제'였다. 과학이 타 분야의 지식에 비해 최고 권위를 갖는 지식으로 자리매김하게 되면서 모든 학문 분야가 자신들의 분야도 과학적이라는 주장을 하게 되었다. 그러자 무엇이 과학이고 무엇이 비과학인지를 구분하는 문제가 중요하게 떠오른 것이다. 특히, 프로이트 심리학이 과학이냐 아니냐를 두고는 의견이 분분했기 때문에 과학과 비과학을 구별하는 준거를 분명하게 제시하는 일은 과학철학 분야에서 중요한 이슈가 되었다.

* 우리나라에서는 1994년에 고려원에서 번역 출간했다.

◦ 반증가능성

포퍼 교수는 과학과 비과학을 구분하기 위해 우선 과학의 특성을 설명했다. 그는 과학이 다른 어떤 학문보다 끊임없이 발전할 수 있었던 것은 주장하는 가설과 이론이 모두 옳았기 때문이 아니라 제기되는 주장이 틀릴 수 있다는 가능성, 즉 '반증가능성 falsifiability' 덕분이라고 주장했다. 예를 들어 "모든 백조는 희다."와 같은 명제는 반증할 수 있는데, 왜냐하면 언젠가 희지 않은 백조가 나타날 가능성이 있기 때문이다. 즉, 세상에 존재하는 모든 백조를 다 조사할 수도 없고, 조사했을 때 모든 백조가 다 하얗다는 것을 100% 확신할 수가 없기 때문이다. 하지만 "모든 인간의 행동은 자기 이익에 바탕을 둔 이기적인 행동이다."라는 주장은 반증할 수 없다. 왜냐하면 비록 이러한 주장이 심리학, 지식사회학, 종교학에서 널리 주장되고는 있지만, 다른 이의 이익을 꾀하는 어떤 행동 뒤에도 이기적 동기가 존재한다는 것을 반박할 수 없기 때문이다. 따라서 순종하는 아들과 반항하는 아들을 모두 '오이디푸스 콤플렉스'로 설명하는 프로이트의 정신분석학은 비과학적이고, 결정적 반증을 피하면서 변명을 늘어놓는 마르크스주의도 사이비 과학이며, 모든 병을 치료한다는 '만병통치약' 역시 사이비 과학이라고 주장했다.

귀납의 문제

또 하나 포퍼 교수가 기여한 과학철학의 문제는 '귀납의 문제'이다. 당시 과학철학 분야에서는 어떤 과학적 주장의 타당한 정도는 그것을 지지하는 관찰과 경험의 정도이며, 경험적 사실의 정도가 많을수록 이론의 정당성이 담보된다고 믿어 왔다. 하지만 과연 그러한가? 귀납적 방법은 정말로 타당한가? 포퍼는 이에 관해 아무리 많은 지지 증거가 있다고 하더라도 그 이론이 논리적으로 참[truth]임을 확립해 줄 수는 없다고 주장했다. 확률은 높이겠지만 확실성은 보장하지 못한다는 것이다. 예를 들어 "모든 까마귀는 검다."라는 명제가 있다고 할 때 인간은 검은 까마귀 사례를 수없이 많이 수집해서 가능성은 높이겠지만, 아무리 검은 까마귀 사례를 많이 제시하더라도 그것이 "모든 까마귀는 검다."라는 명제가 참임을 보장할 수는 없다는 것이다. 왜냐하면 아무리 많은 긍정 사례를 제시하더라도 딱 한 번 부정 사례가 출현하면 상황은 완전히 달라지기 때문이다. 검지 않은 까마귀 사례가 단 하나만 생겨도 "모든 까마귀는 검다."라는 명제가 거짓으로 판명되고 마는 것이다. 반증가능성은 이러한 논리를 과학 이론에 적용한 것인데, 어떤 과학 이론도 참임을 보장받을 수는 없으며 다만 반증[false]될 수 있을 뿐이라는 뜻이다.

포퍼 이론을 토론하는 두 철학자

사실 철학과 논리 문제를 수열과 확률 그리고 양자역학의 개념을 동원하여 설명하는 포퍼의 책을 읽는 일은 매우 어렵다. 따라서 이 장에서는 포퍼의 책을 읽으라고 추천하기보다는 포퍼의 이론을 설명한 철학자 엄정식 교수의 강연**과 그 강연을 바탕으로 한 신중섭 교수의 토론*** 영상을 추천한다. 엄 교수는 내가 1989년 런던에서 포퍼를 만나기 전에 한국인으로서는 드물게 직접 포퍼를 만난 대담자이다. 비트겐슈타인을 전공한 자신이 어떻게 포퍼주의자가 되었는지를 설명하는 내용이 무척 흥미롭다. 두 철학자의 강의에서 만나는 포퍼의 입장은 다음 두 인용문으로 요약될 수 있을 것이다.

"과학 또는 철학이 나아가는 길은 하나뿐이다. 문제와 만나고, 그 문제가 안고 있는 아름다움을 찾아내며, 그 문제와 사랑에 빠지는 것이다."

---

* 여기에서는 포퍼 교수의 책보다는 포퍼의 철학을 해석해 놓은
『포퍼와 현대의 과학철학』(신중섭, 서광사, 1992)을 제안한다.

** 네이버 열린연단: 칼 포퍼와 현대 과학철학(강연: 엄정식 교수), 2017년.

*** 네이버 열린연단: 칼 포퍼와 현대 과학철학(토론: 신중섭 교수), 2017년.

"더 매혹적인 문제와 만나지 않거나 직면한 문제가 해결되지 않는다면, 죽음이 그 문제와 갈라놓을 때까지 당신은 그 문제와 결혼하고 행복하게 살아라."

⌐○ 문제와 결혼하기

죽음이 당신을 그 문제와 갈라놓을 때까지 그 문제와 결혼하고 행복하게 살라는 포퍼 교수의 주장은 그 당시 나에게 가장 필요하고 가장 적절한 조언이었다. 피할 수 없으면 즐기라는 말처럼 포퍼 교수의 글은 힘든 공부를 포기하고 싶었던 내게 포기하는 대신 기꺼이 받아들이라고 말해 주었다. 그날 이후 나는 공부를 계속할 수 있겠다는 자신감을 빠르게 회복했고, 이후에도 크고 작은 여러 어려움에 직면했지만 무사히 그리고 성공적으로(당시 같이 수강하던 대학원생 60%가 탈락한 상황이었음) 석사 과정을 마쳤다. 하나의 길을 선택하고, 그 길을 향해 무식할 정도로 정진하라는 20세기 최고 지성의 목소리는 이후에도 공부를 포기하고 싶어질 때마다 메아리처럼 들려왔다. 나중에 설명하겠지만 나는 박사 과정을 10년 동안이나 거쳐야 했다. 이렇게 길고 긴 박사 과정을 나름 잘 견뎌 낸 것은 어쩌면 어느 비 내리는 늦가을 오후 런던에서 포퍼 교수를 만났기 때문인지도 모르겠다.

⟋ᵒ 닫힌 사회와 몇몇 친구들

하지만 포퍼가 정작 과학철학적 저서에서 우리 사회에 던지고자 했던 메시지를 깨닫기까지는 그로부터 시간이 한참 걸렸다. 긴 터널에서의 시간을 마치고 마침내 2001년 내가 처음 사회인이 되었을 때 나는 비로소 포퍼가 신랄하게 비판했던 『열린 사회와 그 적들』 혹은 '닫힌 사회와 그 친구들'의 모습을 보게 된 것이다. 객관적인 비판에 열려 있으며, 자유로운 토론을 하며 열린 사회로 나아가는 사회의 모습보다는 혈연, 지연, 학연 또는 SNS 네트워크로 작동되는 친구들이 가족애로, 친구애로 또는 선후배의 인연으로 객관적인 비판에서 멀어지고 있음을 보게 된 것이다. 친한 사람들끼리는 무조건적인 친절을 베푸는 세상, 그것은 포퍼가 말하는 열린 세상과는 완전히 반대되는 세상이었다.

열린 사회

포퍼를 처음 만난 34년 전과 비교할 때 대한민국은 눈부시게 성장했다. 그동안 정말 기적같이 놀랍고 경이로운 발전을 거듭해 왔다. 대한민국이 어디냐고 묻던 사람들이 이제는 자신의 자녀들이 K팝에 열광한다며 소식을 물어 오기도 한다. 한국은 세계에서 인터넷이 가장 잘 터지는 최고 IT 강국이 되었고, OECD 10위권 경제 국가로 성장했으며, 코로나19라는 글로벌 팬데믹에도 잘 대응해 왔다.

몇몇 사람이 주도하던 닫힌 사회가 어둠의 긴 터널을 지나 민주화되고 열린 사회로 꾸준히 발전해 왔다. 그러나 아직 가야 할 길이 먼 것도 사실이다. 소셜 네트워크와 유튜브가 활성화하면서 가짜 뉴스가 횡행하고, 그 때문에 의견이 다른 사람들이 적대적으로 양극화하는 사회 문제가 새롭게 부상하고 있다. 수많은 지식과 정보에 언제 어디서든 쉽게 접근할 수 있지만 무엇이 정확한 정보이고 무엇이 가짜인지를 분별하기는 더 어려워졌다. 과학 기술은 더욱 발전하는데 세상은 더 변덕스럽고 더 불확실하며 더 복잡하고 모호해지는, 이른바 VUCA*시대이다. 과연 우리는 합리적 비

---

* 변동성(Volatility), 불확실성(Uncertainty), 복잡성(Complexity), 모호성(Ambiguity)의 약자이다.

판과 자유로운 토론에 열려 있는가? 또 우리는 다양성을 존중하는 가? "우리가 인간으로 남기를 원한다면 오로지 한 가지 길이 있을 뿐이다! 그것은 바로 열린 사회로 가는 길이다."라는 포퍼 교수의 말은 오늘도 나에게 커다란 울림을 준다.

『과학적 발견의 논리』

Logik der Forschung Zur Erkenntnistheorie der modernen Naturwissenschaft

(The Logics of Scientific Discovery)

칼 포퍼 저 | 1953년(독일), 1959년(영국)

『과학적 발견의 논리』는 철학자 칼 포퍼가 과학철학에 관해 1935년 독일어로 쓴 원본을 1959년 영어로 재출간한 책이다. 이 책은 비엔나 학파*에서 비롯된 언어분석 철학을 반박하려고 집필한 것인데, 언어분석 철학은 언어만 분석하면 모든 철학적 문제를 해결할 수 있다는 믿음을 전제로 한다. 포퍼는 많은 실험이 이론을 모두 증명할 수는 없지만 재현할 수 있는 실험이나 관찰은 한 가지를 반박할 수 있기 때문에 과학에서는 반증가능성에 기반하는 방법론을 채택해야 한다고 주장한다.

포퍼는 '재현할 수 없는 하나의 발생은 과학에서 중요하지 않으며, 이론과 모순되는 소수의 잘못된 기본 진술에 따라 어떤 이론이 반증되어 이를 거부하도록 유도되지는 않을 것이다. 우리는 이론을 반박하는 재현할 수 있는 효과를 발견할 때만 그것을 반증된 것으로 간주할 것'이라고 했다. 또 "과학은 검증가능성과 반증가능성 간의 비대칭, 즉 범용 문장의 논리적 형태에서 비롯되는 비대칭에 기초하는 방법론을 채택해야 하는데, 왜냐하면 이러한 것들은 하나의 문장에서 결코 유도될 수 없지만 단지 하나의 문장으로도 모순이 될 수 있기 때문"이라고 주장했다.

---

* 1920~1930년대에 빈대학교에서 출발한 논리실증주의자 집단을 일컫는다.

4장

과학은
어떻게
변화하는가?

토머스 쿤

『 과학혁명의 구조 』

서울대학교 과학사 및 과학철학과 박사 과정

지금은 경력이 단절된 여성 과학자를 위한 프로그램이 다양하고 여성 과학자의 사회적 진출을 돕는 제도도 많이 생겼지만 1990년대 초만 해도 우리나라에서 육아를 눈앞에 두고 박사 과정을 시작한다는 것은 매우 드문 일이었다. 불과 30년 전이지만 당시는 여성의 역할이 주로 자녀와 가족을 잘 보살피는 것이라는 사회적 편견이 뿌리 깊었기에 나 역시도 박사 과정을 새로 시작하기가 쉽지 않았다. 특히 당시 나는 대구에서 살았기 때문에 논문은 제쳐 두고라도 매주 서울을 오가며 박사 과정 수업 활동을 제대로 해낼 수 있을지도 의심스러웠다. 이렇게 많은 제약과 어려움 속에서 한 아이의 엄마였던 내가 서울대학교 과학사 및 과학철학과에서 박사 과정을 공부한다는 것은 처음부터 불가능해 보였다. 그러나 불가능은 결국 가능한 일이 되었다. 거의 기적과도 같은 일이 일어난 데는 정말로 많은 필연적이고 우연한 요소가 긍정적이고 복합적으로 작용했겠지만 가장 중요한 것은 단연 김영식* 선생님과의 만남이라고 할 수 있다. 하버드대학교에서 화학공학으로, 프린스턴대학교에서 역사학으로 박사 학위를 두 개나 받은 선생님은 중국 과학사를 전공한 세계 최고 과학사학자 중 한 사람으로서 우리나라에 과학사라는 학문 분야를 도입했다. 그뿐 아니라 서울대학교에 과학사 및 과학철학 협동 과정을 개설하고 지난 30년간 많은 후학을 양성해 온 한국 과학사 학계의 산증인이다.

✎ 자네는 왜 공부를 계속하려고 하지?

매미가 한창 소리 내어 울던 1991년 어느 무더운 여름날, 나는 서울대학교 22동에 있는 선생님 연구실로 찾아갔다. 외모로만 보

---

* 김영식 선생님은 국제 동아시아 과학·기술·의학사학회 회장과 서울대학교 규장각한국학연구원 원장을 역임했으며, 『과학사』(공저, 전파과학사, 1992), 『역사와 사회 속의 과학』(서울대출판부, 1994), 『대학 개혁의 과제와 방향』(공저, 민음사, 1996), 『근현대 한국사회의 과학』(공저, 창작과비평사, 1998), 『과학사신론』(공저, 다산출판사, 1999) 등 저작과 논문을 다수 발표한 세계적인 과학사학자이다.

아도 근사한 학자의 풍모가 느껴지는 선생님과 대면하니 무척 긴장되었다. 자리에 앉자마자 선생님은 미소 없는 얼굴로 질문하셨다. "그래, 자네는 왜 공부를 계속하려고 하지?" 갑자기 눈앞이 캄캄해지면서 등과 이마에서 땀이 났다. '무엇을'이 아니라 '왜'라고? 예상한 질문이 아니었을 뿐만 아니라 대답을 거의 생각해 보지도 않았던 질문에 어떻게 답해야 할지 몰라 잠시 머뭇거렸다. 입 밖으로는 한마디도 못 하면서 마음속으로는 '19세기 과학의 특징 중 하나인 과학의 대중화를 영국 과학박물관과 연관 지어 살펴보려고 한다.' 는 답을 반복하고 있는데, 선생님이 나의 긴장을 풀어주려고 했는지 살짝 미소를 지으셨다. 그러고는 이야기하셨다. 12월에 있을 박사 과정 시험 전까지 답을 찾아오라는 것이었다. '왜 공부를 계속하려고 하는가?' 이 근원적인 질문은 이후 내내 나를 따라다녔다. 2001년 박사 학위를 받으면서 그 질문에 내 나름의 답을 찾을 수 있었다. "학자란 제대로 된 글을 쓸 수 있는 사람이고, 제대로 된 글을 쓰려고 계속 공부하는 사람이다."라는 결론에 도달했다. 지금도 글을 쓸 때마다 고민한다. 이 글이 정말로 '제대로' 된 글인가? 하고 말이다.

토머스 쿤

✎ 과학혁명의 구조

　박사 과정의 첫 강좌는 김영식 선생님이 담당한 '과학혁명'이었다. 1520년 니콜라우스 코페르니쿠스Nicolaus Copernicus의 『천체의 회전에 관하여De revolutionibus libri sex』 출간부터 1687년 아이작 뉴턴Sir Isaac Newton의 『프린키피아Mathematical Principles of Natural Philosophy』 출간까지 거의 150년에 걸쳐서 일어난, 과학의 내용과 제도와 인식의 혁명적 변화를 다룬 과학혁명 강좌에서 제일 먼저 읽어야 하는 책은 바로 토머스 쿤Thomas Kuhn, 1922~1996의 『과학혁명의 구조The structure of scientific revolution**』였다. 저자 쿤은 이미 석사 과정 때 알게 된 과학사학자이기도 하고 물리학자였다가 과학사학자가 된 이력 때문에 어느 정도 공통점이 있다고 생각하던 터였다. 그런데 선생님이 실제로 하버드 대학교에서 토머스 쿤과 인연이 있는 사이임을 알았고, 그런 점에서 『과학혁명의 구조』라는 책이 매우 특별한 의미로 다가왔다.

---

* 민음사에서 출간된 『과학혁명』. 업데이트 버전은 『과학혁명(전통적 관점과 새로운 관점)』, 2001년, 아르케.

** 이 책은 원래 과학철학자인 오토 노이라트(Otto Neurath)와 루돌프 카르나프(Rudolf Carnap) 등이 기획한 『통합과학의 국제백과사전(International Encyclopedia of Unified Science)』의 일부로 준비되었다가 같은 해인 1962년 시카고대학교출판부에서 단행본으로 출간되었다.

패러다임

쿤의 『과학혁명의 구조』는 국내의 분야별 지식인 전문가 100명에게 21세기에도 남아 있을 가장 빛나는 저작으로 손꼽히지만, 보통 사람들에게 쿤은 책보다는 '패러다임paradigm'이라는 용어를 처음 사용한 인물로 더 유명하다. 하지만 패러다임이라는 용어가 정작 『과학혁명의 구조』에 처음 등장한다는 사실을 아는 사람은 별로 없는 듯하다. 원래 언어학에서 사용하던 '패러다임'이라는 용어는 쿤이 과학사와 과학철학 분야에 도입하면서 널리 알려졌다. 정치학, 경제학, 사회학, 경영학 등 거의 모든 학문 분야는 물론이고 예술 분야에서도 보편적으로 사용하는 '패러다임'은 한 시대가 공유하는 과학적 사고와 이론, 법칙 등 연구를 통칭하는 개념이다. 쿤은 "패러다임은 방법들의 원천이요, 문제 영역problem field이며, 주어진 시대의 어느 성숙한 과학자 커뮤니티 혹은 과학자 사회가 수용한 문제 풀이의 표본이다."라고 정의했다.

모두 13장으로 구성된 『과학혁명의 구조』에서는 '과학의 역사가 실제로 어떻게 전개되어 왔는가?'라는 변화 메커니즘을 과학의 역사적 사례를 바탕으로 구체적으로 설명한다. 고대의 천동설이 지동설로 전환되는 코페르니쿠스적 대전환 사례에서 과학의 발전 과정이 정상 과학의 시기 → 위기의 시기 → 과학혁명의 시기 → 정상 과학의 시기라는 단계를 거쳐 변화한다고 주장했다. '정상 과학normal science'은 과거의 하나 이상의 과학적 성취에 단단하게 기반을 둔 연구 활동 전체를 의미한다. 즉, 정상 과학은 공유된 패러다임을 기반으로 이루어지는 모든 형태의 과학 활동을 의미하며, 정상 과학의 시기에 과학자들은 주어진 패러다임에 충실하면서 상상조차 못 할 정도로 상세하고 깊이 있는 탐구 활동을 전개해 나간다. 패러다임이 성공적으로 작동하는 동안 과학자들은 여러 어려운 문제까지도 잘 풀어내려고 노력하며 새로운 이론에 한눈을 팔지 않는다.

---

* 어떤 한 과학자 공동체가 일정 기간 자신의 이후 활동에 기초를 제공했다고 인정하는 과학적 성취를 의미한다. 오늘날 이러한 성취는 대부분 교과서 형태로 학습되고 널리 확산된다. 교과서가 없던 시절에는 특정 과학자의 저술(고전)이 교과서와 비슷한 역할을 담당했다.

완전히 새로운 패러다임으로 대체

하지만 어느 순간 정상 과학이 설명하지 못하는 '이상한 anormaly 문제'가 나타나고, 그 이상한 문제가 해결되지 못하면서 점점 커져 가면 위기를crisis 맞게 된다. 위기의 시기에는 이 이상한 문제를 해결하려는 여러 가지 대안이 제기되고, 그 대안 중에서 이상한 문제를 가장 잘 해결하는 것이 새로운 패러다임을 형성하게 된다. 이러한 시기가 바로 과학혁명의 시기이다. 위기를 해결하면서 등장하는 새로운 패러다임은 기존의 패러다임과 상응하는 과학의 내용은 재정의를 통해 유지해 가지만, 그렇지 않은 내용은 모두 비과학적unscientific인 것으로 폐기하게 된다. 이러한 과정을 거치면서 하나의 패러다임은 완전히 새로운 패러다임으로 대체되는 것이다.

비교불가능성

과학혁명으로 등장한 새로운 패러다임은 기존의 패러다임과 달리 동일한 자연 현상도 완전히 새로운 방식으로 설명한다. 이른바 경쟁하는 두 가지 이론, 즉 기존의 이론과 새로 대체하는 이론은 중요한 특징을 띤다. 그중 하나가 비교불가능성incommensurable 이다. 쿤은 "과학혁명에서 출현하는 정상 과학적 전통은 앞서간 것과 양립하지 않을incompatible 뿐 아니라 실제로 동일한 표준에 따라 비교할 수 없다."라고 했다. 따라서 과학혁명으로 등장한 새로운 이론은 기존 이론과 비교할 수 없고, 기존에 비해 더 좋거나 더 나은 것이라고 말할 수 없다는 것이다. 쿤은 말한다. 새로운 패러다임으로 선택되는 것은 그것이 '우수하기' 때문이 아니라 그것이 기존 것과 '다르기' 때문이라고. 비록 새로운 패러다임은 기존의 패러다임에서 출현하지만 기존 패러다임에서 사용하던 과학적 개념이나 용어 혹은 실험은 완전히 새롭게 해석되는 것이고, 그럼으로써 새로운 관계를 맺게 된다는 것이다.

불연속적이고 혁명적인 과학

쿤의 패러다임 이론이 갖는 또 다른 특징은 과학 발전이 점진적이고 누적되는 것이 아니라 불연속적이고 혁명적이라는 점이다. 또 과학자들이 한 패러다임에서 다른 패러다임으로 옮겨 가는 것은 충분히 심사숙고하고 실험 결과를 해석interpretation했다기보다는 게슈탈트Gestalt* 전환과 같은 상당히 돌발적인 결정에 따른 것이라는 주장이다. 이러한 쿤의 주장은 열광적인 찬사와 함께 과학철학계에 커다란 논쟁을 일으켰다. 왜냐하면 결론적으로 쿤의 주장은 과학 지식이 관찰과 실험을 거쳐 누적적으로 축적될 뿐만 아니라 진보한다는 귀납주의적이고 실증주의적인 과학관을 전면 부정한 것이기 때문이다. 그동안 과학의 합리성을 강조하면서 누구보다도 진리 추구에 앞장서 왔다고 믿었던 과학계의 신랄한 비판은 말할 것도 없고 과학사과학철학계에서도 과학을 지적 상대주의로 만들어 버렸다는 강한 비판을 받았다. 결국 쿤은 책을 출간하고 7년 뒤인 1969년에 개정증보판을 출간했는데, 여기에는 그동안의 뜨거운 찬반 논쟁을 바라보는 저자의 '후기'를 첨가했다.*

○ 아주 젊든가, 아주 새롭게 접근하는 사람들

『과학혁명의 구조』를 소개할 때 잘 언급되지 않지만 가장 중요한 특징 중 하나는 기존 패러다임이 새로운 패러다임으로 바뀔 때 과연 그 이동을 주도하는 주체가 누구인가 하는 점이다. 이 물음에 쿤은 "거의 예외 없이 새로운 패러다임의 근본적 창출을 이루어

---

* 부분이 모여서 된 전체가 아니라, 완전한 구조와 전체성을 지닌 통합된 전체로서의 형상과 상태를 일컫는 말이다.

낸 사람들은 아주 젊거나, 아니면 그들이 변형시키는 패러다임 분야에 아주 새롭게 접근하는 사람들이다."라고 대답한다. 과학혁명 역시 정치적 혁명처럼 기존 세계가 붕괴되고 새로운 질서가 구축되는 과정이기 때문에 기존 패러다임에 익숙하거나 기존 패러다임에서 이익을 취하는 과학자에게는 쉬운 일이 아니다. 따라서 아직 기존 패러다임에 익숙하지 않거나 그것에서 이익을 취하지 않아 상대적으로 기존 패러다임에서 자유롭고 객관적인 시각으로 사안을 볼 수 있는 젊은 세대와 이방인들이 주도한다는 것이다. 실제로 과학 역사를 살펴보면 이러한 일은 종종 일어났고, 우리 주변 일상에서도 혁명적 변화는 바로 이러한 특성을 지닌 사람들이 이끈다.

젊은 세대와 아웃사이더의 시각

오래된 패러다임을 새로운 패러다임으로 교체하는 힘이 젊은 세대와 아웃사이더의 시각에 있다는 쿤의 주장은 매우 신선하면서도 정확한 것이라고 판단되었고, 특히 나에게 던져 주는 희망의 메시지로 보였다. 삶의 대부분을 경계인으로 살아가던 나에게 그는 나만 해낼 수 있는 무언가가 있을 것이라는 용기를 준 것이다. 가난한 한국인으로서 영국 유학을 하면서 이미 주변부의 삶을 경험했던 나는 전라도에서 출생하고 성장했지만 경상도에서 아이들을 키우면서 문화적 차이를 경험했고, 물리학과 역사학의 중간에서 과학사라는 간학문inter-disciplinary*을 공부하면서 자연과학과 인문과학의 경계에 서 있었기 때문이다. 중심에서 멀어진 아웃사이더는 중심에서 밀려났다는 이유로 좌절하며 통탄하거나 다시 중심으로 진입하려고 호시탐탐 기회를 엿보는 존재가 아니라, 아직 아무도 가지 않은 더 넓은 미지의 세계를 개척하려고 가장 빨리 나아가는 프런티어frontier라는 쿤의 가르침은 지금까지도 내가 더 적극적으로 그리고 더 도전적으로 삶을 선택하는 나침반이 되어 주고 있다.

2013년에 나이 오십인 중년 여성으로서는 드물게 다니던 직장을 그만두고 새로운 길을 선택했다. 대도시 서울이 아니라 남부 지방의 광주광역시로 직장을 옮긴 것은 나만 할 수 있는 일이 그곳에 있을 것이라는 희망 때문이었다. 그곳에 나만 할 수 있는 일이 있다는 생각, 그것이 나를 움직인 힘이었다. 바로 쿤이 그 힘을 내도록 용기를 주었던 것이다. '주변peripery과 경계border는 곧 새로운 세계를 여는 프런티어'라는 생각에 찾은 곳은 국립광주과학관이었다. 그곳에는 정말로 나만 할 수 있는, 내가 해냄으로써 화려하게 빛날 일이 기다리고 있었다. 전시본부장이 되어 처음 찾은 과학관

---

* 양쪽 학문 분야를 연결하거나 아우르는 학문을 말한다.

에는 상설 전시물조차 제대로 마련되어 있지 않았고 심지어 1층은 거의 텅 비어 있었다. '저 공간을 어떻게, 무엇으로 채워야 하나?' 하는 걱정에 잠이 오지 않았다. 그럴 때마다 2층 전시장으로 올라가 텅 빈 1층을 내려다보며 주문처럼 외우곤 했다. "나만 할 수 있는 빛나는 일이 이곳에서 일어날 거야. 이곳을 대한민국의 중심으로 만들자."라고. 기적처럼 5년도 채 지나지 않아 국립광주과학관은 호남 지역은 물론이고 전국에서 가장 가 보고 싶은 과학관으로 자리 잡았다. 정말로 새로운 중심을 만든 것이다.

『과학혁명의 구조』

The Structure of
Scientific Revolutions

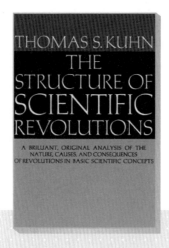

토머스 쿤 저 | 1962년(미국)

철학자 토머스 쿤이 과학사에 관해 저술한 연구서이다. 쿤은 이 책에서 기존의 귀납주의적 과학관에 새로운 패러다임을 적용하여 과학 지식의 변천과 발전을 설명했다. 이는 과학사, 과학 철학, 과학 지식 사회학에서 기념비적 사건이 되었고, 지금도 광범위한 평가와 반응을 촉발하고 있다. 쿤은 정상 과학의 진보에 관한 일반적인 인식에 도전했고, 일반적인 과학 진보는 이미 수용된 사실과 이론의 '축적에 따른 발전'으로 인식되었다. 쿤은 정상 과학의 이러한 개념적 연속성의 시기가 혁명적인 과학의 시기에 따라 방해되는 불연속적 모델을 주장했다. 혁명 시기 동안 발견된 '이상 현상'은 새로운 패러다임을 야기하고, 새로운 패러다임은 오래된 데이터에 새로운 질문을 던지고, 결국 새로운 연구 방향을 지시하는 '지도'를 변경하게 한다.

예를 들어 쿤의 코페르니쿠스 혁명 분석에서 처음에는 태양중심설이 지구중심설보다 천체 현상을 더 정확히 예측하지 못했지만, 미래의 어느 시점에서 더 나은, 더 간결한 해결책을 가진 실행자에게는 매력적인 이론임을 강조했다. 쿤은 우세한 혁명의 핵심적 개념을 패러다임이라고 불렀으며, 20세기 후반에 이 단어를 광범위한 분석 활동에 활용하게 했다. 패러다임 전환은 사회학, 맹신, 과학적 전제의 혼합이며, 논리적으로 명확한 과정이 아니라는 쿤의 주장은 엄청난 논쟁을 불러왔다. 쿤은 1969년 제2판의 후기에서 우려를 나타낸 바 있다. 일부 평론가는 쿤의 책이 과학의 핵심에 실제적인 인문주의를 도입했다고 평가하는 반면, 다른 평론가는 가장 위대한 성취의 중심에 비이성적 요소를 도입하여 과학의 고귀함을 파괴했다고 비판한다.

5장

관찰은 객관적인가?

노우드 러셀 핸슨

『과학적 발견의 패턴』

○ 시간 강사의 번역 작업

　런던 유학 생활을 마감하고 서울에 정착했다. 당장 시간 강사 생활을 시작했다. 그때만 해도 자가용이 귀하던 시절이라 강원도와 충청도, 전라도를 오고 가는 데는 시간이 많이 걸렸고 교통비도 만만치 않았다. 강의료도 매우 낮았으며, 방학 때는 그마저도 없었기 때문에 경제적으로 어려움에 직면하게 되었다. 유학 생활 때는 어려움이 당연하다고 여겼지만 막상 서울로 돌아와서도 어려움을 겪으니 마음이 편치 않았다. 그러던 차에 정말 단비 같은 좋은 기회를 얻게 되었다. 대우재단에서 인문사회과학과 자연과학의 기초학문 분야에 대규모 연구비를 지원하는 사업을 추진한다는 소식을 접한 것이다. 과학 분야에서도 고전에 해당하는 유명 저서 몇 권이 지원 리스트에 올라 있었다. 남편과 함께 작업하면 훨씬 빨리 좋은 결과를 만들어 낼 수 있겠다는 생각에 열심히 지원서를 썼다. 당시의 출판 시장 규모에 비해 번역지원비가 상대적으로 컸기 때문에 번역 사업에 선정되었다는 소식을 들었을 때 무척이나 기뻤다.

✎ 노우드 러셀 핸슨의 책 번역

그러나 노우드 러셀 핸슨Norwood Russell Hanson, 1924~1967의 『과학적 발견의 패턴: 과학의 개념적 기초에 대한 탐구Patterns of Discovery: An Inquiry into the Conceptual Foundations of Science』** 번역 작업은 시작부터 삐걱거렸다. 1년 안에 번역을 끝내겠다고 야심 차게 시작했는데 5년이라는 긴 시간이 지나서야 겨우 완성될 수 있었다. 번역자 두 사람이 같은 공간에서 살기 때문에 일이 훨씬 빨리 잘 진행되리라는 생각은 완전한 착각이었다. 가장 큰 걸림돌은 어떤 책을 읽고 이해하는

---

* 대우재단이 1983년부터 2001년까지 도서 집필과 번역을 지원한 학술사업이며 『대우학술총서』 총 672권이 출간되었다. 2019년에 세상을 떠난 고 김우중 회장이 사재 250억 원을 출연해 만든 대우재단은 우리나라 학술 발전에 큰 공로를 세웠다.

** 이 책은 송진웅, 조숙경 공동번역으로 1995년에는 민음사에서, 2007년에는 사이언스북스에서 두 번 출간되었다.

것과 그 책을 번역하는 것은 엄청나게 다른 일이라는 사실을 미처 몰랐다는 점이다. 저자가 주장하는 바는 무엇이고, 그렇게 주장하게 된 배경과 근거는 무엇이며, 주장의 시사점과 한계점이 무엇인지를 파악하면 대략 그 책을 읽었다고 말할 수 있겠지만, 번역은 그것을 훨씬 뛰어넘는 일이었다. 왜 번역을 제2의 창작이라고 말하는지 충분히 실감한 시간이었다. 두 번째 걸림돌은 서로가 서로의 입장을 너무나 잘 알았기 때문에 차마 일을 독촉하거나 채근하지 못했다는 점이다.

✎ 인생 첫 책

마침내 1995년 민음사에서 전화가 걸려 왔다. 1,000권을 인쇄하여 전국 주요 대학과 도서관에 배포하고 나머지는 시중에서 판매한다는 소식이었다. 인생 첫 책이 드디어 세상에 나온 것이다. 아이 둘을 데리고 곧바로 서점으로 달려갔다. 당시 경상북도 경산시 하양읍에 딱 하나 있던 서점에서 그 책을 발견하던 날은 지금 생각해도 감개무량하다. 책을 집어 든 내가 작게 소리 지르며 즐거워하다가 눈물까지 글썽이자 서점 주인은 의아해했고, 큰아이는 엄마가 괜찮은지 조심스럽게 물었다. "우리가 해냈어. 우리가 드디어 해

낸 거야." 유모차에 타고 있던 작은아이의 얼굴이 웃음으로 환하게 빛났다. 나와 남편 두 사람이 시작한 책 번역 작업의 결과를 그사이에 가족이 된 두 아이와 함께 웃으며 축하했다. 집으로 돌아와서는 아주 오랜만에 친구에게 전화까지 걸었다. 그동안 삶이 너무 바빴기에 거의 연락을 하지 않고 살았다. 친구는 정말 잘 살고 있느냐고 물었고, 나는 조그만 시골에서 아주 잘 살고 있다고 말하며 그동안 팽팽했던 긴장의 끈을 그제야 내려놓을 수 있었다. 물론 그것은 잠시였지만 말이다.

✎° 과학적 발견의 패턴

1958년 출간된 핸슨의 『과학적 발견의 패턴』은 현대 과학철학에 한 획을 그은 대표적인 명저이다. 핸슨은 영국 캔터베리대학교 출신이며 미국의 시카고, 컬럼비아, 예일 그리고 영국의 옥스퍼드와 케임브리지 등 세계적 명문 대학교를 두루 거쳤다. 인디애나대학교에 과학사-과학철학과를 창설하고 과학사를 가르쳤다. 그는 누구보다도 과학사적 사실을 심각하게 고려한 과학철학자로서 과학의 역사 진보에 기여한 인물인 튀코 브라헤Tycho Brahe, 요하네스 케플러Johannes Kepler, 갈릴레오 갈릴레이, 아이작 뉴턴, 르네 데카르트

René Descartes 등의 원전을 많이 인용하고 있다. 과학에 관한 철학적 논의가 유익하려면 과학의 과거와 현재를 철저하게 알아야 한다는 것이 핸슨의 생각이었다. 특히 그는 "과학철학이 없는 과학사는 맹목적이고, 과학사 없는 과학철학은 공허하다."라는 말로 과학사와 과학철학의 상호 보완적 관계를 강조했다. 비록 핸슨은 칼 포퍼나 토머스 쿤만큼 대중에게 많이 알려지지는 않았지만, 이들만큼 과학 사상계에 커다란 영향을 미쳤다.*

현대물리학 바로잡기

핸슨이 이 책을 집필한 이유는 스스로 서문에서 밝혔듯 현대물리학이 잘못 이해되는 상황을 바로잡으려는 목적이었다. 그가 보기에 당시 과학철학자들은 현대물리학이 고전물리학이나 광학, 전자기학처럼 이미 완성되고 안정된 체계라고 이해하지만 사실 현대물리학은 미완으로 진행 중인 과학이며 역동적이고 가변적이라는 것이다. 이러한 특징을 설명하고자 그는 '관찰observation'이 무엇인지,

---

* 그는 과학철학 관련 저술을 다수 남겼는데, 『양전자의 개념(Concept of Positron)』, 『지각과 발견(Perception and Discovery)』, 『관찰과 설명(Observation and Explanation)』, 『에세이 모음(What I do Not Believe and Other Essays)』 등이 있다.

'이론theory'은 어떻게 생겨나는지, 관찰과 이론의 관계는 무엇인지, 나아가 모든 과학의 밑바탕을 이루는 인과성causality의 본질은 무엇인지를 순차적으로 설명한다. 그리고 현대물리학의 본질적 특성인 소립자 묘사 불가능성과 개별성, 파동과 입자의 이중성, 불확정 원리, 상보성 원리 등의 기본 개념을 설명하고, 이들 개념을 얻는 과정은 철학자들이 제시하는 단순한 귀납induction* 과정이나 가설-연역induction** 과정이 아니라 훨씬 더 복잡하고 역동적이며 심오한 지적 투쟁의 과정인 귀추abduction or retroduction라고 주장한다.

⌕ 관찰

핸슨의 주장이 가장 잘 나타나는 부분은 제1장 '관찰'이다. 그는 태양 중심 우주 구조를 주장한 케플러와 여전히 지구 중심 우주 구조를 고수하는 튀코 브라헤를 등장시켜 이야기를 전개한다. 두 사람이 언덕 위에서 새벽 해돋이 모습을 바라보고 있다고 상상

---

* 귀납법은 개별적인 특수한 사실이나 현상에서 그러한 사례가 포함되는 일반적인 결론을 이끌어 내는 또는 보편성에서 구체성을 유도하는 추론 형식 추리 방법이다.
** 가설-연역법은 어떠한 현상의 관찰에서 가설을 설정하고, 그 가설을 검증하는 과정을 거쳐 이론이나 자연법칙을 이끌어 내는 과학적 방법이다.

해 보자. 케플러는 태양은 고정되어 있는 반면에 지구가 움직인다고 생각할 것이다. 그러나 튀코 브라헤는 적어도 이 점에 있어서는 프톨레마이오스와 아리스토텔레스처럼 지구는 고정되어 있고 나머지 모든 천체가 지구 주위를 회전한다고 생각할 것이다. 핸슨은 묻는다. "그렇다면 케플러와 튀코 브라헤는 새벽녘 동쪽 하늘에서 동일한 태양을 바라보고 있는가?" 그렇지 않다는 것이다. 비록 두 사람의 눈에 다가온 시각적 정보가 동일하더라도 두 사람은 전혀 다른 태양을 바라보고 있다는 것이다. 핸슨은 말한다. "본다는 것은 안구(眼球) 운동 그 이상의 행위이다." 그에게 관찰은 논리실증주의자의 주장처럼 객관적이지 않고 오히려 경험이나 이론 혹은 개념이나 배경지식에 따라 달라졌다. 핸슨은 이를 관찰의 "이론-부과성 theory-laden"이라고 불렀다.*

---

* 핸슨이 말하는 '관찰의 이론의존성'은 멀리는 독일의 형태심리학(Gestalt psychology)에서 뿌리를 찾을 수 있으며, 좀 더 가깝게는 피아제의 인지발달론과 기본 입장을 같이한다. 그리고 조지 켈리와 데이비드 오스벨 등으로 대표되는 구성주의적 인지심리학으로 이어진다. 이러한 경향은 구성주의로 대표되는 현대 인식론의 제 분야로도 연결된다.

관찰의 이론-부과성

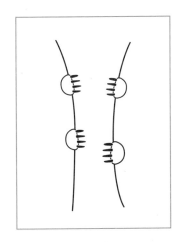

관찰에서 이론이 형성되는 것이 아니라 오히려 관찰이 이론에 의존적이라는 주장인 관찰의 이론-부과성을 설명하려고 그는 소위 심리학 입문서에 자주 등장하는 여러 가지 반전 그림을 사용한다. 첫 번째 그림에서 사람들은 나무 뒤쪽을 기어 올라가는 곰의 발을 보면서 나무의 반대편에 있는 곰의 모습까지 머릿속으로 그릴 수 있을 것이다. 또두 번째 그림에서 사람들은 오리를 볼 수도, 토끼를 볼 수도 있을 것이다. 그리고 세 번째 그림에서는 보는 사람에 따라 나이 든 여자로도, 젊은 여자로도 볼 수 있을 것이다.

핸슨이 이 책에서 중요하게 제기하는 또 다른 주장으로는 과학적 방법으로서 귀추 과정이 있다. 그는 과학자들이 귀납법을 활용하여 수많은 경험적인 데이터에서 일정한 패턴을 찾아내는 방식으로 이론을 얻는 것이 아니라고 말한다. 그렇다고 해서 과학자들은 가설을 세우고 연역 과정을 거쳐 가설을 확인해 가지도 않는다. 일단 실험 결과를 얻으면 과학자들은 그 데이터를 이해할 수 있는 기존의 지식 안에 유형화하거나 통합시키려고 노력한다는 것이다. 즉, 실험적 데이터를 이해할 수 있는 개념적 패턴(유형)에 짜맞출 수 있기를 열망하며 그 일을 한다는 것이다. 그러한 과정에서 실험 대상이 어떤 성질을 지니는지 알게 되고, 그러한 성질을 마음속에 품고서 또 다른 실험에 임하게 된다는 것이다. 또 다른 실험에서 더 많은 사실을 수집하고 그렇게 수집한 사실을 바탕으로 대상을 설명하는 새로운 이론을 제시하게 된다. 이러한 귀추 과정을 거치면서 과학자들은 소립자가 입자와 파동이라는 이중성을 가진 존재라는 결론에 도달하게 되었던 것이다. 비록 소립자의 이중성을 직접적으로 인식할 수 없고 묘사도 불가능하지만 이를 사실로 받아들이는 이유는 그렇게 해서 얻어 낸 지식만 실험적 데이터를 유형화하여 이해 가능하게 만들기 때문이라는 것이다.

핸슨은 43세 젊은 나이로 세상을 떠났다. 1967년에 개인 소유 비행기로 뉴욕주 이타카 근처를 비행하다가 추락 사고를 당해 안타까운 죽음을 맞이한 것이다. 만약 그가 좀 더 오래 살았더라면 나는 분명히 영국으로 그를 만나러 갔을 것이다. 그리고 원저자와 번역가로서 과학철학적 논쟁뿐만 아니라 과학사와 관련한 여러 과학자에 관해서도 많은 이야기를 주고받으며 학문의 지평을 새롭게 열어 갔을 것이다. 그 결과로 아마도 새로운 책이 출간될 수도 있지 않았을까라고 가끔 생각해 보곤 한다. 핸슨은 처음부터 과학철학 분야를 전공하지는 않았다. 청소년기에는 뉴욕 필하모닉 오케스트라의 수석 트럼펫 연주자를 사사했고 카네기 홀에서 연주할 만큼 촉망받는 트럼펫 주자였다. 하지만 제2차 세계 대전 때 해병대 전투기 조종사로 복무하면서 비행을 익혔고 2,000시간 넘게 출격한 공로로 공군 십자 훈장을 받았다. 전쟁이 끝나자 핸슨은 트럼펫 연주자의 길이 아니라 학자의 길로 들어서 시카고대학교와 컬럼비아대학교, 영국의 옥스퍼드대학교와 케임브리지대학교에서 공부했다. 1957년 미국으로 돌아온 그는 인디애나대학교에 과학사 및 과학철학과를 설립했으며, 1960년부터 1963년까지는 인디애나대학교의 과학사 및 과학철학과 학과장으로 일했고, 1963년부터

1967년까지는 예일대학교 철학과 교수로 일했다.

이 책을 번역하면서 사용했던 핸슨의 오래된 책에는 엄마가 자기들과 놀아 주지 않고 책에 몰입하자 이를 방해하려고 연필로 끄적거린 아이들의 서투른 글씨도 남아 있고, 그 바쁜 일상 속에서 한 줄 한 줄 그 의미를 이해하려고 고군분투하던 나의 30대가 고스란히 담겨 있다. 아이들은 이제 훌쩍 자라 내 곁을 떠났고 그때 일을 기억하지도 못하지만, 추억의 책장을 한 장 한 장 넘기며 떠올려 보는 그 시절은 아직도 생생하고 정겹다.

"만약 우리의 눈이 태양에 맞추어지지 않는다면 태양은 결코 보이지 않을 것이다."라는 괴테의 말을 인용하면서 핸슨의 책은 시작된다.

『과학적 발견의 패턴: 과학의 개념적 기초에 대한 탐구』

Patterns of Discovery:
An Inquiry into the Conceptual
Foundations of Science

노우드 러셀 핸슨 저 | 1958년(영국)

미국 과학철학의 기초를 닦은 과학철학자 노우드 러셀 핸슨의 대표 저작이다. 핸슨은 관측과 관찰이 특정 학설에 준거하며 관측 언어와 이론 언어가 깊이 뒤섞여 있다고 주장한 선구자로서 과학적 발견 논리의 이해와 발전에 많은 관심을 가졌고, 과학적 발견이 일어나는 것의 논리적 설명을 구축하려고 했다.

이 책은 관찰과 이론의 관계를 밝혀낸 현대 과학철학의 출발점과 과학의 베일에 감춰진 발견의 논리를 읽게 해 준다. 또 근대 고전 물리학과 현대 양자역학이 탄생한 과정을 치밀하게 분석하면서 관찰이 무엇이고 이론은 어떻게 생겨나며 이 둘의 관계와 함께 모든 과학의 밑바탕을 이루는 인과성의 본질을 파헤친다.

원래 트럼펫 연주자였으나 제2차 세계 대전 때 미국 해안경비대에 입대했고, 나중에 미국 해병대 항공모함 USS 프랭클린의 제452 해병대 전투기 중대에서 근무했다. 이후 핸슨은 음악을 다시 하지 않고 철학자로서 새 삶을 시작했다. 1957년에 인디애나대학교 과학사과학철학과 교수가 되었고, 프린스턴 고등연구소 학회원이 되었다. 1963년에 예일대학교 교수가 되었는데, 취미 삼아 베어캣*을 몰고 다니는 핸슨의 기행에 학생들은 그를 '비행 교수The flying professor'라고 불렀다. 1967년에 베어캣을 몰고 뉴욕 상공을 비행하던 핸슨은 안개 때문에 뉴욕주 이사카에 추락하며 사망했다.

---

* 미 해군의 프로펠러 함상 전투기이며, 제2차 세계 대전 당시 항공모함에 탑재되어 일본 전투기를 상대할 목적으로 개발되었다.

Werner K. Heisenberg

6장

과학자의
책임은
어디까지인가?

베르너 하이젠베르크

『부분과 전체』

박사 학위

    학문의 어느 한 분야에서 박사 학위를 받는다는 것은 그 분야의 전문가가 되었음을 의미한다. 박사 논문이 갖춰야 할 가장 중요한 요건은 독창성이다. 누구도 제시하지 않았던 새로운 이론이나 설명 혹은 해석을 만들어 내는 일이다. 그렇기 때문에 창의적인 일이고 엄청난 노력과 시간과 에너지가 드는 일이다. 19세기 영국에서 과학이 어떻게 대중화했는지 알고 싶었던 나는 관련 자료를 찾으려고 도서관을 헤맸다. 관련 있어 보이는 자료는 대부분 국내에서 구할 수 없어서 영국의 대학과 관련 기관에 편지를 보냈다. 이메일이 일상화되지 않은 시기여서 어느 때는 시차를 감안해 오후 늦게 직접 전화를 걸기도 했다. 상대편에서 가장 빠르게 답장을 보낸다고 해도 최소 보름 정도는 걸렸다. 모든 일이 더디게 진행되었다. 문제는 막상 자료를 받고 보면 논문과 크게 관련이 없는 경우가 많다는 점이었다. 그런 상황에서 영국의 과학사에 관해 논문을 쓴다는 것은 거의 불가능에 가까웠다. 그렇게 어느덧 2년이라는 시간이 지나가고 있었다. 이제는 논문 주제를 국내에서 접근할 수 있는 것으로 바꾸든지, 영국으로 다시 가든지, 아니면 아예 공부를 그만두든지 중대한 결정을 내려야 할 시점이었다. 여러 가지 여건 때문에 결정을 내리기가 쉽지 않았다. 그러던 차에 남편이 안식년을 맞았고, 그 덕에 나는 영국으로 제2의 유학을 떠날 수 있었다.

⌐ 두 번째 영국 유학

1997년 겨울에 다시 도착한 런던에서는 하루가 다르게 환율이 급등했다. 우리나라는 IMF라는 참혹한 경제 위기에 부딪혀 모두 힘겹게 생활하고 있었다. 10년 전에 학생으로 유학할 때와 비교해 보니 경제적 상황이 전혀 나아지지 못했다. 환율이 3배까지 치솟는 어려운 시기에 왜 하필 영국으로 다시 유학을 가느냐며 주변에서 반대가 매우 강했다. 하지만 이미 어려운 길에 들어섰고, 그

길 위에서 새로운 여정을 시작해야 했다. 연구 자료를 구입하는 것 외에는 모든 비용을 절약해야 하는 형편이었기에 예술 공연 관람이나 유럽 여행은 감히 꿈도 꾸지 못했다. 어쩌다 런던으로 출장 오는 지인을 만나면 웨스트엔드[*]West End[*]에서 '캣츠'나 '레미제라블' 같은 뮤지컬을 관람한 즐거운 경험을 들려주었지만 나와는 먼 이야기였다. 그러던 어느 날 템스강 변을 걷다가 국립극장^{National Theatre} 앞에 내걸린 커다란 간판이 눈에 들어왔다. 공연 제목은 '코펜하겐'^{***}이었다. 문득 양자역학의 코펜하겐 해석이 떠오르면서 물리학과 관련한 공연일 것이라는 느낌이 들었다. 나의 예측은 정확했다.

연극 '코펜하겐'

연극 '코펜하겐'^{***}은 20세기 양자물리학 시대^{****}를 연 최고의 과학자 닐스 보어^{Niels H. D. Bohr}^{*****}와 독일 물리학자 베르너 카를 하이젠베르크^{Werner Karl Heisenberg}의 1941년 만남을 소재로 한다. 닐스 보어와 그의 아내 마르그레테^{Margrethe}, 하이젠베르크, 이렇게 세 명이 등장하는 이 연극은 하이젠베르크가 왜 닐스 보어를 찾아갔는가를 주제로 다룬다. 연합군이 원자탄 개발을 어느 정도 진척시켰는지 알아내려고 갔을까? 아니면 독일군과 연합군 양쪽 과학자 모두 원자탄을 만들지 말자고 설득하려고 갔을까? 그것도 아니라면, 보어에게 어떤 위안을 얻으려고 갔을까? 분명한 답이 없는 이 심오한 과학 연극은 이후 웨스트엔드로 옮겨 계속 공연되었지만 런던에 머무는 내내 나는 그 연극을 관람하지 못했다. 당시의 경제적 상황에서 보면 연극 관람은 일종의 사치로 여겨졌기 때문이다. 그 대신 나는 나중에 책에서 그 아쉬움과 궁금증을 어느 정도 해소하게 되었는데, 그것은 오래전 사 두었다가 읽지 않고 있던 『부분과 전체』였다. 하이젠베르크가 자서전적으로 집필한 이 책은 한 물리학자의 일생을 시간 순서대로 조용히 전개하고 있었다.

---

* 영국 런던에 있는 '뮤지컬과 연극의 명소'이며 극장 밀집 지역이다. 쇼를 중시하는 미국의 브로드웨이와 달리 음악을 중시하고 문학과 철학적 주제를 다룬 작품이 많다.

** 연극 '코펜하겐'은 영국 작가 마이클 프레인(Michael Frayn)의 작품이며 대표적인 과학 연극으로서 수많은 상을 수상했다. 2000년 이후 미국 브로드웨이에서 326회 공연했고, 우리나라에서는 2009년과 2016년에 공연했다.

*** 마이클 프레인의 작품인 '코펜하겐'은 물리학을 소재로 한 대표적인 과학 커뮤니케이션 사례로 평가된다.

**** 19세기 말에 등장한 현대물리학은 상대성이론과 양자역학이라는 거대한 두 기둥이 떠받쳤다. 특히, 양자역학은 20세기의 많은 천재 물리학자가 치열한 지적 공동 작업으로 이룩한 인류사의 위대한 지적 혁명의 결과이다. 양자역학은 특히 현대 사회의 과학 문명 전 분야에 걸친 이론적 기초인 동시에 인간의 인식 체계와 철학을 완전히 새로운 관점으로 이끌었다는 점에서 20세기를 대표하는 과학이라고 할 수 있다.

***** 닐스 보어는 1903년 코펜하겐대학교에 들어가 물리학을 공부하고, 1911년 논문 「금속의 전자론(電子論)」으로 학위를 받았다. 1916년 코펜하겐대학교 이론물리학 교수가 되었고, 새로운 물리학 연구의 중심이 된 코펜하겐대학교 이론물리학연구소에서는 수많은 과학자를 배출했다. 도시 코펜하겐이 물리학의 도시가 된 것은 바로 닐스 보어 덕분이다.

『부분과 전체』는 모두 20장으로 구성되었고, 책은 1920년 어느 맑은 봄날에 하이젠베르크가 친구 10여 명과 도보 여행을 떠나는 이야기로 시작한다. 제1차 세계 대전이 종식되자 독일 청년들은 불안한 상태에 빠지게 되고, 새롭게 나아갈 길을 찾으려고 삼삼오오 그룹으로 모이거나 단체 활동을 한다. 청년 하이젠베르크 역시 일군의 사람들과 도보 여행을 떠나고, 그곳에서 원자론에 관한 대화를 나누다가 처음으로 물리학을 공부하기로 마음먹는다. 그렇게 시작된 물리학과의 인연으로 당시 세계적 물리학자인 아르놀트 조머펠트Arnold Sommerfeld, 1868~1951의 제자가 되었고, 물리학을 공부하는 과정에서 당대 최고의 과학자인 아인슈타인, 볼프강 파울리Wolfgang Pauli, 막스 플랑크Max Planck, 막스 보른Max Born* 등과 만나게 된다. 그는 그들과 치열하고 진지하게 대화하고 토론하면서 양자물리학의 중요한 축을 완성해 간 것이다. 그리고 그러한 과정에서 단연 최고의 만남은 바로 스승이자 친구처럼 20여 년을 함께 지내게 되는 닐스 보어**와의 만남이었다. 책에는 그가 언제 닐스 보어를 만나 어떻게 가까워졌고, 무슨 대화를 나누었으며, 어떤 이유로 결국 서로 등을 돌리게 되었는지 등이 시간순으로 잘 전개되어 있다. 책에는 두 사람의 만남과 우정뿐 아니라 새로운 과학을 열어 가던 공동 연구 과정의 노력과 동료애가 원자물리학을 어떻게 발전시켰는지도 잘 나타나 있다.

✎ 하이젠베르크와 보어

1922년 초여름 빨간 장미꽃이 한창 피어나던 독일의 도시 괴팅겐에서 하이젠베르크는 보어를 처음 만났다. 지도 교수 조머펠트의 제안으로 괴팅겐에서 열리는 일명 '보어 축제'(보어의 특별강연회)에 가게 된 것이다. 유럽의 내로라하는 과학자는 다 모여드는 이 축제에서 하이젠베르크는 보어를 만났는데, 그가 보어를 얼마나 관심 있게 관찰했는지 책에 아주 생생하게 기록되어 있다. "첫 강의 정경은 평생 내 머리에서 지울 수 없도록 인상 깊었다. 강의실은 만원이었다. 북유럽 사람 특유의 몸매를 가진 그 덴마크의 물리학자는 가볍게 머리를 기울인 채 약간 당황한 듯한 미소를 지으면서 단상에 나타났다." 보어의 행동 하나하나를 면밀하게 관찰하는 하이젠베르

---

* 이 외에도 빌헬름 빈(Wilhelm Wien), 오토 한(Otto Hahn), 막스 폰 라우에(Max von Laue, 1879~1960), 카를 프리드리히 폰 바이츠제커(Carl-Friedrich von Weizsäcker: 1912~2007), 에르빈 슈뢰딩거(Erwin Schrödinger), 폴 디랙(Paul Dirac), 엔리코 페르미(Enrico Fermi), 리제 마이트너(Lise Meitner) 등이 있다.

** 보어는 원자 구조의 이해와 양자역학의 성립에 기여한 업적으로 1922년에 노벨 물리학상을 받았다. 제2차 세계 대전 중에는 영국과 미국에 건너가 맨해튼 프로젝트에도 참여했다. 원자력의 평화적 이용과 원자 무기 발달로 생긴 정치 문제에 관심을 가졌으며, 이들 문제의 연구를 공개하도록 주장했다.

크의 기억은 다음 문장에서 더 잘 나타난다. "보어는 조용하고 매우 부드러운 덴마크 억양으로 말했다. 그가 자기 이론의 가정 하나하나를 설명할 때는 조머펠트 교수보다 훨씬 주의 깊고 신중하게 말했다. 조심성 있게 표현되는 말 한마디 한마디에서 긴 사색의 흔적을 엿볼 수 있었다."

빛나는 내 미래

세 번째 강의에서 하이젠베르크는 보어에게 질문을 하고, 그것을 계기로 두 사람은 근처 하인베르크의 산으로 가벼운 산책을 떠난다. 그는 말한다. "이 산책은 그날 이후 내 학문적 발전에 가장 강한 영향력을 발휘했다. 아니 이 산책과 더불어 내 학문적 성장이 본격적으로 시작되었다고 말하는 것이 더 타당한 표현일지 모른다." 산책에서 돌아오는 길에 하이젠베르크는 코펜하겐으로 꼭 방문해 달라는 보어의 초청을 받았다. 그렇게 하겠다고 답한 뒤의 느낌을 하이젠베르크는 이렇게 기록했다. "내 숙소로 돌아오면서 빛나는 내 미래를 마음속에 그리고 있었다." 이 얼마나 감동적인 첫 만남인가? 과학의 역사에는 이처럼 운명적이라고 볼 수밖에 없는 많은 만남이 존재하고, 바로 그러한 만남들 덕분에 역사의 장에 기록되는 경우가 많다.[*] 이렇게 시작된 두 사람은 때로는 도보 산책을 하고, 때로는 자전거 여행을 하고, 또 때로는 함께 배를 타면서 물리학에 관한 대화와 논의를 이어 갔다. 1924년 부활절 휴가 기간에 두 번째로 만난 두 사람은 며칠 동안 스웨덴의 윌란드섬으로 도보 여행을 떠났다. 이때 나눈 대화는 1927년 3월에 발표한 불확정성 원리^{uncertainty principle**}의 중요한 개념적 틀이 되었다.

⌒° 원자폭탄과 전쟁

16세라는 나이 차이에도 불구하고 거의 20여 년간 함께 대화하며 가장 신뢰하는 관계로 지낸 두 사람은 그러나 연극에서 소재로 다룬 1941년의 만남 이후에는 거의 남처럼 먼 관계가 되어 버렸다. 왜 그랬을까? 책에서 드러난 사실은 당시 하이젠베르크를 포함한 독일의 물리학자들이 원리적으로는 원자폭탄을 제조할 수 있다는 것과 그러려면 막대한 기술 개발 비용이 든다는 점을 알고 있었

---

* 천문학 혁명을 완성한 케플러 역시 당대 천문학계의 대부인 튀코 브라헤를 1600년 프라하에서 만났고, 자연 선택에 따른 진화론을 주창한 찰스 다윈 역시 헨슬로 교수를 케임브리지대학교에서 만났다.

** 불확정성 원리는 어떤 입자의 정확한 위치와 정확한 운동량을 동시에 측정하는 것이 물리적으로 불가능하다는 원리이며, 하이젠베르크는 불확정성이 물질의 양자 구조 때문에 생기는 근본적 원리라고 강조했다.

다는 것이다. 또 그들은 미국으로 건너간 물리학자들이 그들을 받아 준 미국을 위해 무언가를 해야 한다는 의무감 때문에 혹시 원자폭탄을 개발할지도 모른다는 우려를 안고 있었던 것도 사실이다. 이 때문에 독일 과학자들 사이에서도 우라늄 연구를 계속해야 할지 그만두어야 할지를 두고 술렁였으며, 그 답을 찾고자 우선 보어에게 자문을 구하기로 한 것이다. 그래서 보어를 가장 잘 아는 하이젠베르크가 대표로 나선 것이다. 그런데 막상 보어를 찾아가 이야기를 나누어 보니 보어는 원자폭탄 개발 가능성을 알지도 못했고, 오히려 독일이 이전에 덴마크를 침공한 사실을 떠올리면서 독일이 또다시 세계에 험악한 일을 저지를 수 있다는 생각에 굉장히 분노했다.* 하이젠베르크는 그 모습을 지켜보면서 이렇게 썼다. "전쟁이라는 현실이 수십 년에 걸쳐 맺어진 인간적 유대까지 잠시나마 중단시킨다는 사실에 가슴속 깊이 아픔을 금할 수 없었다." 유태인으로서 분노하는 보어 못지않게 독일인으로서 하이젠베르크는 20년 동안 원자물리학이라는 지성의 탑을 구축하며 쌓아 온 우정과 신뢰가 한순간에 무너져 내리는 절망감에 빠진 것이다.**

---

* 그로부터 얼마 지나지 않아 보어는 스웨덴과 영국으로 건너갔고, 결국 미국으로 가서 맨해튼 프로젝트의 아버지 같은 인물이 되었다.

** 연극 '코펜하겐'에서는 두 사람이 물리학에 관해 이야기를 나누었는지, 보어가 연합군과 접촉한다고 의심한 하이젠베르크가 보어에게 잘못된 정보를 제공하여 연합군을 속이려고 했는지, 아니면 보어가 하이젠베르크를 속임으로써 독일인을 속이려고 했는지를 두고 이야기가 전개된다. 그러나 어느 것도 확실하지 않은 추측에 기반을 둔 연극이다.

⌐° 연구자의 책임에 대하여

따라서 이 책에서 가장 눈여겨봐야 할 부분은 양자물리학이 개념적으로 발전되어 간 과정이나 국경을 뛰어넘어 교류해 온 두 과학자의 진한 우정과 이별 이야기보다도 16장에서 다루는 '연구자의 책임에 대하여'이다. 하이젠베르크는 원자폭탄 투하 소식을 런던 외곽의 억류된 장소에서 접하고 커다란 충격에 빠졌다고 한다. "그 무서운 보도를 들은 다음 날 아침에 나는 오랫동안 깊은 사색과 대화를 나누었다." 그는 이어서 "25년이라는 긴 세월 동안 우리가 심혈을 기울인 원자물리학의 발전이 지금 10만 명이 훨씬 넘는 인간을 죽음으로 몰고 간 원인이 된 엄중한 사실을 마주하지 않을 수 없었다."라면서, 과학 발전을 위해 고군분투한 그 많은 노력이 오히려 인류에게 최악의 상황을 야기했다는 자책감에 시달렸다. 또 그 엄청난 충격 때문에 우라늄 핵분열을 처음 발견한 오토 한이 자살을 하지는 않을까 하여 모두가 무척 걱정하고 불안해했다는 내용도 담고 있다.

과학자의 책임

하이젠베르크는 질문한다. "과학자의 발견이 대참사로 이어졌을 때 그 책임은 과연 누구에게 있는가?" 그의 결론은 과학 발전이 선한 방향으로 향하고 지식 확장이 인간의 복지를 위하는 것은 너무나도 자명하지만, 과학적 결과가 어떻게 사용될지도 아직 모르는 과학자(발견자)가 과학 연구물(발명품) 사용 결과에 모든 책임을 지는 것은 적절하지 않다는 것이다. 왜냐하면 과학 발전은 세계적인 역사 과정의 일부이며, 과학자는 커다란 연관성 속에서 사물을 생각해야 하기 때문이다. 과학은 과학이라는 한 부분으로 존재하는 것이 아니라 인류 역사의 전체 맥락에서 이해되어야 하기 때문이다. 그가 『부분과 전체』에서 말하고자 하는 바는 혁명과 전쟁, 극단적인 가치 전도의 시대를 살아가야 했던 한 과학자가 자신의 경험을 바탕으로 과학을 인류 전체라는 통합적 콘텍스트 속에서 바라보아야 한다는 주장인 것이다.

과학과 과학자에 관한 고민

과학자는 누구여야 하고, 과학의 결과는 어떻게 사용되어야 하는지를 치열하게 고민한 하이젠베르크는 나에게 진정한 전문가가 된다는 것이 무엇인지 분명한 답을 제시해 주었다. "전문가란 그가 관계하는 분야에서 매우 많은 지식과 정보를 갖고 있을 뿐만 아니라 그가 전문으로 하는 분야에서 사람들이 범할 수 있는 가장 큼직한 오류도 알고 있어서 그 오류를 피할 수 있는 사람이다." 우리 주변에는 특정한 분야의 지식과 정보를 아는 사람이 넘쳐 난다. 그들 중 몇 명이나 진정한 전문가일까? 몇 명이나 자신의 분야에서 야기될 큼직한 오류도 알고 있으며 도대체 몇 명이나 그 오류를 피해 갈 수 있을까? 지식과 정보가 넘쳐 나고 언제든 그 지식과 정보를 짜깁기해서 책으로 낼 수 있는 세상, 그런 세상에서 진짜 전문가가 되는 길을 생각해 본다.

『부분과 전체』

Der Teil und das Ganze

Werner Heisenberg

Der Teil und das Ganze

Gespräche im Umkreis der Atomphysik

Piper

베르너 하이젠베르크 저 | 1969년(독일)

이 책은 양자역학을 창안한 공로로 노벨 물리학상을 받은 양자역학의 선구자 베르너 하이젠베르크가 1969년 쓴 학문적 자서전이다. 원자물리학의 황금기에 관한 기록으로, 양자역학의 발전에 참여한 수많은 천재의 모습과 일화가 다채롭게 담겨 있다. 원자 이론과의 첫 만남, 현대 물리학의 개념, 정치와 역사에 대한 교훈, 아인슈타인과의 대화, 자연과학과 종교에 대한 대화, 원자물리학과 실용주의적 사고방식, 생물학, 물리학, 화학의 관계에 대한 대화, 양자역학과 칸트 철학, 언어에 대한 대화, 혁명과 대학 생활, 원자 기술의 가능성과 소립자에 관한 토론, 정치적 파국에서의 개인의 행동, 과학자의 책임, 실증주의와 형이상학과 종교, 정치적 논쟁과 과학자 논쟁, 통일장 이론, 소립자와 플라톤 철학 등 20세기 최고의 과학 천재들과 나눈 토론과 대화가 담겼다. 새로운 이론을 바탕으로 한 다양한 사고 실험 등 학문이 어떠한 과정을 거쳐 탄생하는지를 보여 준다.

7장

봄이 왔는데
왜 새는 울지
않는가?

레이철 카슨

『침묵의 봄』

⌀ 포항공과대학교 과학문화연구센터

처음으로 풀타임으로 일하게 된 곳은 포항공과대학교^{POSTECH,}
포스텍의 '과학문화연구센터'였다. 2000년대 초반에는 아직 '과학
문화'라는 개념이 학문적으로 정립되지 않아 주로 과학사와 과학
철학을 공부한 교수나 연구자가 각자 환경에서 그 개념을 연구하
고 있었다. 영국 런던 과학박물관에서 물리과학 대중화가 일어나
던 과정을 연구한 나는 국내 최초 과학문화 전문가로 인식되었고,

---

* 2001년부터 과학기술부는 서울대학교, 전북대학교, 포항공과대학교에 과학문화연구센터를 설치하고
  체계적이고 이론적인 '과학문화' 연구를 지원했다.

그 덕분에 센터에서 박사 후 과정을 하면서 과학문화 연구를 계속할 수 있었다. 당시 센터장이었던 임경순 교수는 독일에서 과학사를 공부한 분으로, '과학문화'라는 새로운 학문 분야를 개척하는 일을 함께했다. 그와 함께 추진했던 국립과학관 설립을 위한 기본방향 연구에서 나는 '과학문화'가 과학을 위한 문화인 동시에 문화를 위한 과학이어야 한다는 생각에 기존의 과학문화 패러다임을 넘어서는 '필즈-온 사이언스 feels-on science'라는 새로운 개념을 주창했다.**

✎ 필즈-온 사이언스

과학과 대중의 관계는 대략 세 단계를 거치며 변해 왔다. 처음에는 과학이 신기한 쇼처럼 제공되어 눈으로 만나는 아이즈-온 eyes-on 시대였고, 실험 기구나 전시물을 직접 조작하면서 손으로 배우는 핸즈-온 hands-on 시대를 거쳐, 사물에 숨어 있는 과학적 원리를

---

* 우리나라에서는 과학문화를 science culture로 쓰지만, 영어에서는 scientific culture라고 쓴다. 영어에 science culture라는 용어는 존재하지 않으며 when science meet culture 혹은 public understanding of science로 대체된다.

** '필즈-온'이라는 이 새로운 개념은 2001년 과학기술부 정책과제인 '국립과학관설립을 위한 기본방향 설정연구'에서 저자가 처음 제안했고, 이후 일본 ASPAC(Asia Pacific Network of Science and Technology, 아시아태평양과학기술네트워크) 콘퍼런스에서 발표했다.

이해하고자 두뇌를 사용하는 마인즈-온^{minds-on} 시대까지 진화했다. 하지만 오늘날 우리에게 과학은 눈으로 보고 놀라워하거나 손으로 조작하면서 재밌어하거나 원리를 이해하면서 경이로워하는 대상만은 아니지 않은가! 과학은 일상 곳곳에 스며들어 삶을 편리하게 해 주지만 동시에 예기치 못한 문제들로 불편함을 가져오기도 한다. 전체적인 사회 맥락에서 바라보고 이해하며 생활 속 실천으로 연결하려는 인식 전환이 시급하다고 생각했다. 이에 과학을 가슴으로 느끼는 필즈-온 개념을 주창하게 되었다.

동강댐과 새만금 환경 운동

포스텍 과학문화연구센터에는 흥미롭게도 미국, 독일, 그리스, 프랑스 등 모두 다른 나라에서 유학한 경험이 있는 연구자들이 모여 있었다. 그래서 한 가지 주제로도 다양한 토론을 할 수 있었고, 때때로 토론하다 보면 정말로 아침 해가 밝아 오는 날도 있었다. 그곳에는 여성 박사가 두 명 더 있었는데, 나이가 한참 위인 그들은 싱글이라는 공통점이 있었다. 결혼보다 공부가 더 좋았다는 두 사람은 오랫동안 홀로 지낸 탓인지, 아니면 원래 개성이 강한 탓인지 거의 모든 이슈에서 의견이 달랐다. 그 사이에 낀 나는 엄마의 경험을 가지고 있어서인지 두 사람의 의견을 곧잘 조정하곤 했다. 그리스 철학사를 연구한 최 박사는 매우 객관적 입장에서 사안을 바라보는 능력이 뛰어났고, 미국 농업사를 연구한 다른 한 분은 농촌에서 태어나고 성장한 나보다도 우리나라 농업의 현실을 잘 알았으며 종종 미국 환경 운동의 역사에 관해 이야기했다. 그들에게서 '동강댐 계획 백지화'* 선언이나 '새만금 갯벌 살리기'** 같은 우리나라 환경 운동의 현황을 처음 듣게 되었다. 특히 그때 정 박사가 소개해 준 책이 있는데, 바로 레이철 카슨Rachel Carson, 1907~1964의 『침묵의 봄Silent Spring』*** 이었다.

⌁ 침묵의 봄

『침묵의 봄』은 환경생태학 분야에서 단연 최고로 꼽히며 20세

---

* 동강은 강원도 정선군 정선읍 가수리에 있는 강이다. 1990년 지역 주민 160여 명이 홍수로 사망한 뒤 노태우 당시 대통령의 지시로 댐 건설이 시작됐지만 국내 최고 생태계 보고로 평가받으면서 환경단체와 지역 주민이 문제를 제기했고, 오랜 갈등 끝에 마침내 2000년 '동강댐 건설계획'이 백지화되었다.

** '새만금 간척사업'은 1991년에 부안과 군산을 연결하는 세계 최장 방조제를 축조하여 간척 토지를 조성하고 여기에 경제, 산업, 관광을 아우르면서 동북아 경제중심지로 비상할 녹색성장과 청정생태환경의 '글로벌 명품 새만금'을 건설하려던 국책사업이다. 하지만 1996년 시화호 수질오염 사건을 계기로 환경단체에서 문제를 제기했고, 2001년에는 환경단체, 종교단체, 시민이 소송을 제기함으로써 기나긴 법정 다툼이 계속되었다.

*** 처음 번역본은 1992년 『이제 봄의 소리를 들을 수 없다』라는 제목으로, 2011년에는 『침묵의 봄』으로 출간되었다.

기에 가장 커다란 영향력을 끼친 저서 중 하나이다. 기후변화가 기후재앙으로 불리는 요즘은 세계의 모든 사람이 환경의 중요성을 인식하고 있고, 또 지구 온도 상승을 억제하려고 이산화탄소 배출을 줄이려는 노력을 여러 차원에서 경주하고 있다.* 그러나 1960년대만 해도 상황은 완전히 달랐다. 우리나라 역시 국가 5개년 경제계획을 수립하고 산업화와 공업화에 박차를 가하던 시절이었다. 세계 어느 국가에서도 지구 환경과 생태의 중요성을 제대로 인식하지 못하고 있었다. 이러한 때에 레이철 카슨은 인간이 지구라는 거대한 생태계의 일부라고 알리며 환경의 중요성을 강조했다. 또 이 책이 당시 커다란 인기를 누렸던 이유는 미국의 특정한 상황 때문이기도 했다. 1962년 출간한 『침묵의 봄』은 '새의 지저귐으로 시끄럽고 활기차야 할 봄이 왜 아무런 소리도 없이 조용한가?'라는 질문에 답을 제시하며 농약의 폐해를 전 세계에 알렸고, 미국을 비롯해 전 세계에서 환경 운동이 일어나는 계기를 만들었다. 카슨은 화학약품에 대한 대중적 불신이 커져 가던 상황에서 DDT^{Dichloro-Diphenyl-Trichloroethane}의 문제점을 관련 데이터와 함께 친절하고 자세하게 지적해 주었다. 과학적 데이터에 근거한 과학커뮤니케이션을

---

* 유엔기후변화협약(UNFCCC: United Nations Framework Convention on Climate Change)은 지구 온난화에 따른 기후변화에 대처하려고 인위적인 온실가스 배출을 규제하는 국제 협약이며, 1992년 브라질 리우데자네이루에서 시작했다. 1997년 교토의정서, 2015년 파리협약으로 이어졌으며, 회원은 전 세계 190개국이 넘는다.

통해 DDT의 위험성을 전 세계에 알렸을 뿐만 아니라 환경의 중요성을 일깨워 준 것이다.

〰️ 살충제와 벌

카슨이 이 책을 집필한 이유는 오랜 친구에게 받은 편지 한 통 때문이었다. 1958년 어느 날 해양생물학자로 살던 카슨에게 매사추세츠주의 조류학자인 올가 허킨스Olga O. Huckins가 보낸 편지가 도착했다. 그는 연방정부 소속 비행기가 모기 방제를 목적으로 숲에 DDT 살충제를 대량 살포했는데, 죽어야 하는 모기는 그대로이고 오히려 새와 방아깨비, 벌 같은 동물이 다 죽어 버렸다고 전했다. 그래서 그런 이상한 일을 주 정부에 보고했더니 'DDT는 인간에게 안전하다.'는 답변만 돌아왔다는 것이다. 그리고 그는 〈보스턴 헤럴드Boston Herald〉에 실린 기사도 함께 보내 왔는데, DDT 살충제가 야생 동식물에 끼친 피해 사례를 상세하게 다루고 있었다. 특히, DDT 살포가 인간에게 미칠 잠재적인 위험도 경고하고 있었다. 편지와 기사를 모두 읽은 카슨은 "그저 침묵하고 있다면 나에게 평화란 존재하지 않을 것이다."라면서 관련 자료를 수집하기 시작했다. 피해자들과 과학자들을 직접 만나 의견을 청취하면서 "다른 인간이 뿌린 독극물을 안전하게 피할 수 있는 권리 역시 매우 기본적인 인간의 권리 중 하나"라고 말했다.

DDT

『침묵의 봄』은 출간 전부터 대단한 관심을 모았다. 4만 부가 선계약될 정도였는데, 왜냐하면 카슨이 관련 내용을 〈뉴요커^{New} Yorker〉에 연재하면서 사람들이 그 내용을 이미 알고 있었기 때문이다. 과학자 커뮤니티와 시민들에게서는 많은 지지와 응원이 있었지만, 농약 제조업체나 화학업계의 반발은 상상을 초월할 정도로 거셌다.* 카슨이 DDT의 부정적인 측면만 과도하게 부각한다는 비판이 쏟아졌으며, 심지어 공산주의자일 것이라는 추측까지 나돌았다. 벨시콜^{Velsicol}이라는 살충제 제조 회사는 카슨이 책을 출판한다면 출판사를 명예훼손으로 고소하겠다고 으름장을 놓았다. 그때 상황을 1962년 7월 자 〈뉴욕 타임스^{Newyork Times}〉는 "올여름에는 『침묵의 봄』이 상당한 소란을 일으키고 있다."라는 기사 제목을

---

* 하마터면 『침묵의 봄』은 출간되지 못할 뻔했다. 전국해충방제협회는 카슨을 조롱하는 노래까지 만들었고, 아메리칸시안아미드 회사의 로버트 화이트스티븐스 박사는 카슨을 '자연 균형을 숭배하는 교단의 광신적 옹호자'라고 비난했다. 심지어 언론은 카슨이 결혼하지 않고 독신으로 지내는 이유를 집요하게 파고들었다.

달아 보도했다. 또 하나 이 책에 관심이 높았던 이유는 당시 미국의 시대 상황과 밀접하게 연관된다. 탈리도마이드thalidomide라는 수면제가 기형아 출산의 원인으로 판명되었는데도 제약사들이 약을 시판하려 하면서 시민의 불안이 증폭되었던 것이다. 그러나 화학약품을 향한 불신이 커져 가던 상황에서 카슨이 DDT의 문제점을 관련 데이터와 함께 자세하고 친절히 지적해 주자 많은 독자를 확보했다.*

○ 생물에게 고통을 주는 행위

모두 17장으로 구성된 책의 제1장은 '내일을 위한 우화A Fable for Tomorrow'로 시작된다. 원래 작가가 되려 했었기 때문인지 카슨의 책은 환경 고발서인데도 소설처럼 부드럽게 읽힌다. "어떤 사악한 마술의 주문이 마을을 덮친 듯했다. 잘 놀던 어린아이들이 갑자기 고통을 호소하다가 몇 시간 만에 사망하는 일도 벌어졌다." 카슨은 이런 마을이 실제로 존재하지는 않겠지만 모든 형태의 재앙은 어디

---

* DDT는 1874년 독일 화학자가 처음으로 합성했지만 살충제로서 효능이 발견된 것은 1939년이다. 마법 같은 신약으로 불리던 DDT는 대개 호흡기나 소화기를 통해 흡수되며 몸에 한번 흡수되면 좀처럼 분해되지 않는다. 흙에 있는 DDT의 양이 반으로 줄려면 최소 10년에서 15년이 걸린다고 한다. 파울 뮐러(Paul Hermann Muller, 1899~1965)는 DDT 발견 공로로 노벨 과학상을 받았다.

에선가 실제로 일어날 수 있다면서 "새소리로 활기차야 할 봄에 왜 아무런 소리가 들리지 않는가?"라는 질문으로 이야기를 시작한다. 그 이유는 바로 DDT를 비롯해 인류가 지난 20년간 사용해 온 각종 화학약품 때문이었다. 인간은 물과 토양, 지구의 녹색 외투인 식물 덕분에 살아갈 수 있는데도 화학물질을 사용해 물과 토양과 음식을 오염시켰을 뿐만 아니라 종국에는 지구 환경을 파괴해 오고 있다는 것이다. 특정 곤충이나 식물을 제거하려고 뿌리는 화학약품은 사실상 순환 과정을 거쳐 인간에게 예기치 못한 재앙으로 되돌아오며, 결국 인간은 스스로 초래한 환경오염 문제에 직면하게 되었다. 카슨은 "인간은 생물체 중에서 유일하게 암 유발 물질을 인공적으로 만들어 내는 존재"라면서 "살아 있는 생물에게 고통을 주는 행위를 묵인하는 우리가 과연 인간으로서 권위를 주장할 수 있는가?"라고 질문한다.

가지 않은 길

마지막 17장 '가지 않은 길'에서 카슨은 로버트 프로스트의 유명한 시 '가지 않은 길'을 인용한다. 프로스트는 어느 길을 선택하든지 결과에 별 차이가 없지만 인간이 직면한 두 갈래 길은 그 선택에 따라 엄청난 차이가 난다며 경고하고 있는 것이다. "그동안 인류가 걸어온 여행길은 놀라운 진보를 이끌어 낸 너무나 편안하고 평탄한 고속 도로였지만 그 끝에는 재앙이 기다리고 있다. 그리고 '아직 가지 않은 다른 길'은 지구 보호라는 궁극적인 목적지에 도달할 수 있는 길이며, 가지 않은 길을 선택할 것인가 말 것인가는 바로 우리에게 달려 있다."라고 말한다. 카슨이 제시하는 새로운 선택의 길은 화학약품을 사용하는 '화학방제chemical control'가 아니라 '생물방제biological control'이다. 화학방제가 특정 곤충이나 식물을 제거하려고 그 대상을 집중 공격하는 파괴적인 것이라면, '생물방제'는 방제 대상 유기체와 이 유기체가 속한 전체 생명계를 이해하는 데 바탕을 둔 생물학적이고 건설적인 해결법이다. 생물학적 해결법의 대표적인 예가 곤충의 생명력을 이용한 '해충퇴치법'이다.

침묵의 봄 연구소

『침묵의 봄』이 출간된 이후 미국 연방 정부는 환경 문제의 중요성을 인지하고 적극 대응했다. 1963년에 케네디John F. Kennedy 대통령은 환경 문제를 다루는 대통령 과학자문위원회를 구성했고, 1969년에 미국 의회는 국가환경정책법안National Environmental Policy Act을 통과시켰으며, 국립암연구소^{National Cancer Institute}는 DDT가 암을 유발할 수 있다는 증거를 발표했다. 이러한 일련의 과정의 결과로 1972년 미 연방 정부는 DDT 사용을 전면 금지했고, 1970년에는 지구의 날(4월 22일)을 처음으로 제정했다. 그로부터 20년이 지난 1992년에는 환경과 개발에 관한 '리우 선언^{Rio Declaration on Environment and Development}'*이 이어졌고, 1993년에는 마침내 과학자, 의사, 공중보건 지지자, 지역사회 운동가 등이 연대하여 메사추세츠주에 '침묵의 봄 연구소^{Silent Spring Institute}'를 설립했다. 카슨의 작은 시작이 큰 결실을 맺은 것이다.

○ 우직하게 자기 길을 걷는 과학자

자연의 지배자 혹은 정복자로서 인간이 아니라 인간과 자연계를 유기적이고 생태적으로 이해할 것을 주장했던 카슨은 1964년 4월 자택에서 숨을 거두었다. 당시 56세이던 카슨의 사인은 유방암이었다. 유방암을 앓으면서도 『침묵의 봄』을 집필하는 데 전념

---

* 1972년 스웨덴 스톡홀름에서 인간환경선언을 채택한 지 20년 만인 1992년 6월 브라질 리우데자네이루에서 지구인의 행동 강령으로 선포되었는데, 150여 개국 대표가 참여했고 27개 원칙이 선포되었다.

했던 카슨의 사진을 전 미국 부통령 앨 고어 Albert Gore, 1948~*는 자신의 집무실에 걸어 두었다고 한다. 기후변화 이슈를 글로벌 차원의 문제로 제기하면서 『불편한 진실』 등을 출간하여 환경 운동에 앞장서 온 앨 고어는 "개인적으로 『침묵의 봄』은 나에게 엄청난 영향을 주었다… 카슨 여사는 어느 누구보다도, 아마도 나머지 모든 사람을 합한 것보다도 더 커다란 영향을 주었다."라고 했다. 삶의 방향을 정하고, 그 방향을 향해 무서울 정도로 정진한 카슨의 삶은 외롭지 않았을까? 세상이 자신에게 던지는 온갖 비판과 불이익에도 아랑곳하지 않고 우직하게 나의 길을 걸어갈 수 있었던 원동력은 과연 무엇일까? 나는 과연 카슨처럼 살 수 있을까? 포스텍을 떠나오면서 스스로에게 던진 가장 큰 질문은 바로 그것이었다. 카슨을 만난 지 23년이 되었다. 그동안 나는 우직하게 나의 길을 걸어왔는가? 불이익을 감수하면서라도 일이 방향성을 갖고 추진되도록 제대로 노력해 왔는가? 그동안의 시간이 카슨을 닮아 가고자 노력했던 시간이었음은 분명하다. 그 닮음의 정도가 70%? 아니 그보다 조금 더 점수를 줄까? 조금 외롭더라도 우직하게 앞으로 계속 걸어가야겠다.

---

* 앨 고어는 미국 45대 부통령이며 재직하는 동안 환경 문제 해결에 많은 노력을 기울였다. 퇴임 후에도 세계 각지를 돌며 지구 온난화의 심각성을 알리는 등 환경보호 운동에 진력해 왔다. 환경 관련 저서로 『위기에 처한 지구』(1992), 『불편한 진실』(2006) 등이 있으며, 이러한 업적으로 2007년 노벨 평화상을 수상했다.

『침묵의 봄』

Silent Spring

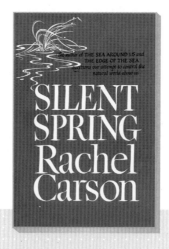

레이첼 카슨 저 | 1962년(미국)

『침묵의 봄』은 20세기에 가장 큰 영향력을 미친 책으로 평가받는다. 살충제를 무분별하게 사용함으로써 야생 생물계가 파괴되는 모습을 적나라하게 기록했다. 책 출판을 막으려는 화학업계의 거센 방해와 언론의 비난에도 불구하고 카슨은 대중에게 환경 문제를 새롭게 인식시켰고, 정부의 정책 변화와 현대적 환경 운동을 이끌어 냈다. 『침묵을 봄』을 읽은 한 상원의원은 케네디 대통령에게 자연보호 전국 순례를 건의했는데, 이를 계기로 지구의 날(4월 22일)이 제정되었다.

카슨은 작가를 꿈꾸며 문학을 전공하다가 생물학으로 바꿔 과학 전공으로 학위를 받은 독특한 이력을 지녔다. 그래서인지 시적 표현과 정확한 과학 지식이 결합된 글쓰기로 독자의 관심을 집중시키는 힘이 있는 듯하다. 환경 사학자이자 작가인 린다 리어는 자신의 책 『레이첼 카슨: 자연의 증인』에서 "역사를 바꾼 책에 바로 이 『침묵의 봄』이 포함된다."라고 찬사를 보냈다.

카슨은 1958년부터 1962년까지 4년여 동안 『침묵의 봄』 집필을 위한 자료 조사와 집필 활동에 전념했다. 이 책에서 최초로 환경 문제의 심각성과 중요성을 일깨운 공로로 카슨은 '20세기를 변화시킨 100인' 가운데 한 사람으로 뽑혔다.

8장

과학과
인문학은
만날 수 있는가?

찰스 스노

『두 문화』

◦ 대한민국 '과학문화' 제1호 박사

2000년대 들어 과학 기술과 관련한 새로운 이슈가 등장했다. 바로 우수 청소년들이 이공계 진학을 기피하는 현상이었다. 한국 전쟁의 폐허 속에서 한강의 기적을 이뤄 내며 이제 막 선진국 대열에 진입한 대한민국의 경쟁력은 우수한 인적 자원이고, 특히 과학 기술 분야에서는 양질의 교육과 우수한 인력이 강점이었다. 하지만 우수한 인재들이 더는 과학 기술 분야로 진출하지 않는다면 국가적 미래에 큰 위기가 올 수 있기 때문에 더 많은 청소년이 이공계 분야로 진출하도록 안내하는 것이 전 사회적 이슈가 되었다. 이러한 상황에서 '학교 밖 과학 교육'과 '과학문화'의 중요성이 부각되었으며, 그 기능을 수행하는 전담 기관인 한국과학문화재단[*]이 급성장했다. 우리나라 '과학문화' 제1호 박사가 된 나는 무언가 할 수 있는 역할이 있겠다고 생각했고, 마침 신문에 광고가 실린 재단의 전문위원 공고에 지원서를 제출했다. 주변에서는 박사 학위를 받고서 왜 대학교나 전문 연구기관이 아닌 재단에 취직하려느냐며 의문 섞인 질문을 던졌지만, 나만 할 수 있는 일이 그곳에 있을 것만 같았다.

✏ 세계과학커뮤니케이션 회의 유치

재단에서 전문위원실장으로 시작한 일은 교육이나 연구와는 완전히 달랐다. 새로운 사업을 기획하고 실행하는 일이 대부분이었는데, 첫 번째로 맡겨진 과제는 엄청나게도 국제회의를 한국으로 유치하는 일이었다. 한 번도 생각해 보지 않았던 일이 과학문화 전문가이고 영어를 할 수 있다는 이유로 맡겨진 것이다. 국제회의의 이름은 '세계과학커뮤니케이션 국제회의'PCST: Public Communication of

---

[*] 한국과학문화재단은 과학 지식과 정보 대중화를 위해 1967년 설립된 과학기술정보통신부 산하기관이며, 2008년에는 과학과 수학 교육을 총괄하는 기능이 더해져 한국과학창의재단으로 확대 개편되었다.

Science and Technology'* 인데, 세계과학커뮤니케이션 국제회의 네트워크 PCST Global Network가 2년에 한 번 개최하는 세계대회이다. 2002년 남아프리카 공화국에서 열리는 제7차 회의에 참석하여 2006년에 열릴 제9차 대회를 한국으로 유치해 오는 것이 임무였다. 눈앞이 캄캄했다. 무엇부터 어떻게 시작해야 할지 막막하기 그지없었다. 하지만 첫 번째 미션인 만큼 어떻게든 성공해야 한다고 생각했다. 용기를 내어 관련 분야 교수님들을 찾아다니며 자문을 구했고, 역대 콘퍼런스의 내용을 조사 분석했으며, 과학문화 전문 분야의 최근 트렌드를 공부하기 시작했다. 그때 접한 책이 바로 '인문학적 문화'와 '과학적 문화'의 간극을 날카롭게 비판하면서 세계적으로 유명해진 찰스 스노Charles P. Snow, 1905~1980의 『두 문화와 과학혁명The Two Cultures and the Scientific Revolution』이었다.

✏ 두 문화

『두 문화』는 스노가 케임브리지대학교에서 행한 리드 강연Rede

---

* PCST Network는 1998년에 과학과 대중을 연결할 때 커뮤니케이션의 중요성을 인지하고 프랑스 푸와티에에서 처음 발족했다. 언론과 미디어, 과학박물관과 과학센터, 도서와 페스티벌로 과학과 대중을 연결하는 역할을 수행하는 과학커뮤니케이션 전문가와 실행가가 참여하는 과학문화 분야의 최대 학회이다.

Lecture을 책으로 엮은 것이다.[*] 이 책은 일종의 현대 문명, 특히 과학 기술에 토대한 문명 비평서이면서 영국으로 대변되는 서구 선진 사회 고발서 성격이 강하다. 이 때문에 그의 강연은 영국뿐만 아니라 전 세계에 대단한 반향을 일으켰으며 반론도 만만치 않게 일어났다.[**] 이 책이 특별히 관심을 많이 받은 이유는 스노 자신이 과학자이자 소설가, 행정가이면서 정치가라는 다채로운 삶을 살았고, 실제로 과학자와 인문학자로서 두 가지 경험을 동시에 갖춘 보기 드문 인물이었기 때문이다. 낮에는 과학자들과 실험실에서 지내다가 밤에는 문학 동료들과 어울리던 그는 '두 문화'에 속하는 사람들 사이에 대화가 어렵다는 사실을 발견했다. 여기에서 나아가 전통적인 기준에서 볼 때 많이 배웠다고 하는 사람들이 셰익스피어의 작품을 읽은 것이 대단한 지적 교양을 대변하는 것처럼, 셰익스피어를 접하지 않았던 과학자들을 무식하다며 비판하는 현실도 짚어 냈다. 스노는 한쪽 극단에는 문학적 지식인이, 다른 쪽 극단에는 과학자, 그중에서도 특히 물리학자가 있는데, 이 두 극단에 있는 전문가들 사이에는 몰이해뿐 아니라 특히 젊은이 사이에서는 때때로

---

[*] 이 내용은 1956년 〈뉴 스테이츠맨(New Statesman)〉에 처음 기고했다.

[**] 국내에 번역 출간된 『두 문화』는 1993년에 케임브리지대학교가 출간한 칸토 시리즈이다. 칸토 시리즈에는 1959년의 강연 내용, 강연 이후에 다시 정리한 글, 그리고 스테판 콜리니(Stefan Collini)가 쓴 해제가 함께 실려 있다. 강연으로 촉발된 여러 논쟁과 비판에 관한 입장을 정리해 1963년 『두 문화: 두 번째 시각(The Two Cultures: And a Second Look: An Expanded Version of The Two Cultures and the Scientific Revolution)』을 출간했다.

적의와 혐오로 틈이 크게 갈라지고 있다고 했다.

과학에 대한 무지

왜 이런 일이 생겨난 것일까? 두 문화에 속하는 사람들 사이에 간격이 생긴 원인은 무엇일까?『두 문화』에서 스노는 이 문제를 고발하고 진단하면서 그 나름의 해결책을 제시한다. 그에게 두 문화에 속하는 사람들은 지적 수준이 비슷하고, 출신이나 경제적 여건도 별 차이가 없으며 교양이나 도덕적 수준, 심리적 경향에서도 거의 차이가 없어 보였다. 그런데도 왜 과학자와 인문학자 사이에 의사소통이 잘 이루어지지 않으며 서로에게 적대감이 커지는 것일까? 가장 큰 이유로 스노는 이른바 영국의 전통적인 리더 그룹, 즉 서구 세계를 관리해 온 문학적 지식인들의 '과학에 대한 무지'를 들었다. 그가 보기에 20세기 초반 이래 현대물리학의 위대한 체계는 계속 진보해 왔고 눈부신 성과를 이루었다. 그런데도 서구의 가장 현명하다는 사람들 대부분은 아직도 물리학을 신석기 시대 수준으로만 알고 있을 뿐 아니라 더 알려고 하지도 않는다. 과학이 현대 문명의 중요한 토대인데도 그들은 "당신은 셰익스피어를 읽었는가?"에 해당하는 과학적 버전인 "당신은 열역학 제2 법칙을 설명할 수 있는가?"라는 질문을 등한시한다는 것이다. 마치 전통적이고 인문학적인 문화가 '문화'의 전부인 것처럼 말하면서 과학자들을 '무지'하다고 폄하한다는 것이다.

인문학 vs 과학

그렇다면 '두 문화' 현상은 왜 특히 영국에서 두드러지게 나타나는가? 하나는 교육 '전문화'를 지나칠 정도로 확고하게 믿기 때문이고, 다른 하나는 기존 사회 형태를 계속 유지하려는 보수적 성향 때문이라고 스노는 진단했다. 영국 사회는 소위 엘리트 교육을 바탕으로 지나치게 어릴 적부터 분야를 나누어 교육하며, 이 때문에 문화의 단절이 가속화했다는 것이다. 인문학과 과학 분야를 일찍부터 분리해서 교육하다 보니 가장 기초적인 문학 서적조차 읽지 않는 과학적 문화에 속한 사람, 가장 초보적인 과학 개념조차 이해하지 못하는 인문학적 문화에 속한 사람이 생겨났으며, 이는 영국 교육의 불가피한 산물이었다. '두 문화' 문제를 지나친 전문화 교육의 문제로 파악한 스노는 당연히 그 해결책을 교육 개혁에서 찾았다. 그는 "교육이 모든 문제의 해결책은 아니지만, 교육을 제쳐두고는 새로운 사회에 올바르게 대처하기가 어렵다."라며 미국과 구소련의 교육 제도에 눈을 돌렸다.[*] 미국에서는 모든 사람이 고등학교에 입학할 때부터 18세까지 느슨하고 일반적이며 개방적인 과학 교육을 받는가 하면, 구소련에서는 미국보다 더 전문화된 지식 교육을 강조하고, 나아가 우주개발 등 실제적인 응용과학교육에 더 강조점을 둔다는 것이다.

⌒ 영국의 과학 교육 문제

하지만 이들 국가에 비해 영국은 보편적 과학 교육이 이루어지지 않아서 과학 발전이 가져다주는 통찰과 지혜를 얻지 못할 뿐 아니라 '두 문화'의 간극이 훨씬 크다고 봤다. 스노는 과학에서 이뤄 내는 혁명은 우리 생활의 물질적 기반이며, 더 정확히 말해 우리가 형성한 현대 사회를 작동하도록 만들어 주는 혈액인데도 불구하고 영국 사람들은 이에 관해 아는 것이 거의 없다면서 "핵전쟁, 인구 과잉, 빈부 격차 등 현대를 심각하게 위협하는 문제들에서 우리를 벗어나게 해 줄 수 있는 것은 바로 과학"이라고 강조했다.

---

* 미국과 구소련은 1957년 세계 최초 인공위성인 스푸트니크 발사를 계기로 대대적인 과학 교육 개혁 운동을 전개했다. 특히 미국은 전 미국인을 대상으로 한 과학 교육을 표방하며 '2061 프로젝트(Project 2061)'를 전개했다.

이 점에서 고등 교육을 받은 사람들이 기초과학의 가장 단순한 개념조차 따라가지 못한다는 사실은 영국의 미래를 심히 걱정스럽게 만든다고 설파했다.

◦ 2000년대 청소년의 이공계 기피 현상

사실 스노가 『두 문화』를 집필하던 당시는 인류 전체가 원자 폭탄으로 과학의 엄청난 위력과 파괴력을 경험했다는 시대적 상황과, 오랫동안 엘리트 중심 전문화 교육을 수행해 온 영국이라는 사회적 배경이 작용했다. 따라서 '두 문화' 문제는 전후 영국 사회의 특별한 문제라고 생각할 수도 있다. 그러나 책 출간에 관한 많은 반향은 '두 문화' 문제가 비단 영국의 문제만은 아님을 보여 주었다. 대부분 선진국에서 경험할 뿐 아니라 현대 사회 전반에 걸쳐서 나타나는 문제 가운데 하나였다. 우리나라 역시 선진국으로 진입하던 2000년대 당시 '청소년의 이공계 기피 현상'이 나타나 전 사회적 이슈가 되었다. 당시 이를 해결하려고 다양한 방안을 강구하면서 제일 먼저 제기된 문제가 바로 뿌리 깊은 사농공상* 문화였다.

* 예전에 백성을 나누던 4가지 계급을 말하며 선비, 농부, 공장(工匠), 상인을 이른다.

머리가 아닌 손으로 일하는 것을 천대시하는 전통 문화가 뿌리 깊게 자리하고 있으며, 법학이나 경제학 등 인문과학이 이과나 공과 학문보다 우세하다는 편견을 깨트리지 않으면* 이공계 기피 현상은 해소되지 않을 것이라는 목소리가 높았다.**

⌐° STEAM 교육

그렇다면 이 뿌리 깊은 사농공상 문화는 어디에서 기인했을까? 많은 전문가는 이것이 고등학교 교육에서 문과와 이과로 구별하는 교육 시스템과 밀접하게 연관된다고 진단하면서 문과와 이과의 구별을 깨트려야 한다고 강력하게 촉구했다. 이러한 시대적 요구에 발맞추어 재단은 두 분야 간 경계 허물기 혹은 경계 넘나들기의 베이스캠프로 변화되어 갔다. 이에 STEAM 교육***을 표방하며 융합적 성격으로 '차세대 과학교과서'**** 프로젝트를 시작했고, 〈중

---

* 예전에 백성을 나누던 4가지 계급을 말하며 선비, 농부, 공장(工匠), 상인을 이른다.

** 20년이 지난 지금도 그때의 상황과 많이 달라지지 않았다. 대표적으로 국민의 대의 기관인 국회를 살펴보면, 21대 국회의원의 절대 다수가 법대 출신이다. 그뿐 아니라 21대 국회의원 선거에서도 비례대표제가 아닌 과학 기술계 출신은 단 한 명도 당선되지 못했다.

*** STEAM(Science, Technology, Engineering, Arts, Mathematics) 교육은 과학 기술에 학생의 흥미와 이해를 높이고 과학 기술을 기반으로 한 융합적 사고력과 실생활 문제 해결력을 배양하는 교육을 말한다.

**** 2005년 과학기술부가 청소년의 과학 흥미를 높이고 창의성과 탐구 능력을 신장하고자 시작해 2006년 2월에 개발 완료했다.

앙일보〉와 함께 우리나라 최초 과학 섹션 신문인 〈과학과 미래〉*도 발간했다. 곧이어 재단은 한국과학문화재단에서 한국과학창의재단으로 확대 개편되었고, 과학과 인문학의 융합을 촉진하는 융합문화 중심 기관으로 변모했다. 나는 그 전환점에서 과학문화사업단장이라는 중책을 맡아 두 문화의 간극을 메우는 여러 프로그램을 추진했다. 그중 융합문화페스티벌**이 대표적인데, 이 행사에서 김영식 서울대학교 교수는 '역사상의 과학과 인문학'이라는 주제 강연에서 "오늘날 인문학과 과학은 흔히 상반된다고 인식하지만 실제 역사상 또 본질상 그렇지는 않았다."라며 '두 문화' 문제를 해결할 새로운 단초를 제공해 주었다.

⌐° 예술과 과학의 풍부한 상상적 체험

내가 스노의 책을 읽으며 열정을 쏟아부을 수 있었던 이유는

---

* 우리나라 최초 과학 섹션 신문인 〈과학과 미래〉는 2002년 처음 시작해 2004년까지 계속되었다. 과학 기술 내용을 인문학과 융합한 다양한 기사가 한국 사회의 과학적 가시성을 높이는 데 크게 기여했다고 평가된다.

** 융합문화페스트벌은 과학, 인문학, 예술 분야를 아우르는 융합적 성격을 띤 포럼과 공동연구, 예술 활동을 지원하고 그 결과물을 전시하는 새로운 형태로 기획되었고, 2010년 홍익대학교 앞에서 '과학과 인문·예술 5일간의 대화'라는 주제로 추진되었다. 대표 전시물은 '나노과학과 앰비언트 컴퓨팅', '방사선 아트', '다양한 세계 악기에서 찾는 과학'이었다.

다음과 같은 희망에 강하게 공감했기 때문이다. 스노는 말한다. "언젠가 우리는 훌륭한 인재들을 많이 육성할 수 있는 행운의 날을 맞이하게 될 것이다. 그 때 우리의 인재들은 예술과 과학에서의 풍부한 상상적 체험을 무시하지 않을 것이다. 또 그들은 과학기술이 인류에게 베풀어주는 것을 알게 될 것이며, 그들과 다를 바 없는 수많은 사람들이 겪는 고통을 방치하지 않을 것이며, 또 책임져야 할 일이 주어졌을 때 그 책임으로부터 회피하지 않을 것이다."라고.

우수 청소년 이공계 기피 현상을 해소하려고 과학과 인문학의 융합에 관해 논의를 시작한 지 벌써 20년이 지났다. 그동안 우리 사회는 얼마나 달라졌을까? 우선 과학과 인문학의 융합을 주제로 한 많은 대중서가 등장했다. 필자가 집필한 『잡스가 워즈워드의 시를 읽는 이유는』도 융합을 주제로 한 대표적 대중서인데, 하나의 대상이나 사건 혹은 상황을 과학적 시각으로도, 인문학적 시각으로도 살펴보자는 의도에서 출발했다. 꽤 많은 독자에게 긍정 반응을 받았고 미래창조과학부 우수 과학 도서로도 선정되었다.

이에 더해 학문 간, 분야 간 장벽을 낮추고 협업하는 융합적 연구나 활동도 상당히 진보한 것으로 보인다. 특히 4차 산업혁명 시대가 도래하면서 IT 기술과 제조업의 융합, 기술과 기술의 융합, 기술과 인문학의 융합은 화두가 아닌 현실로 자리 잡고 있다. 그러나 정책이 아니라 학교 현장에서 과학과 예술의 풍부한 상상적 체험을 할 수 있는 기회, 고난받는 수많은 사람을 과학 기술로 도와줄 기회가 더 많이 열렸는지를 가늠하기란 쉽지 않다.

"교육은 실력"이라는 표어는 교육의 본질을 정확하게 표현한 말이다. 교육은 각자가 타고난 재능을 발견할 기회를 만들어 주고, 그 재능을 키워 가도록 다양한 단계별 체험 기회를 만들어 실력을 키워 주는 일이다. 그런데 자신의 재능을 알아보는 시점은 사람마다 다르다. 유명 피아니스트처럼 아주 어릴 적에 그 재능을 발견하는가 하면, 필자처럼 20세가 넘어서야 알게 되는 사람도 있다. 우리는 안다. 우리가 잘할 수 있는 일을 할 때 우리는 가장 행복할 수 있다는 것을. 바로 이러한 이유 때문에라도 문과 학생들에게는 과학을, 이과 학도들에게는 인문학을 접할 수 있게 해 주어야 한다. 자신의 숨은 재능을 발견하도록 안내해 주어야 한다.

『두 문화』

The Two Cultures and
the Scientific Revolution

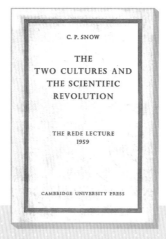

C. P. SNOW

THE
TWO CULTURES AND
THE SCIENTIFIC
REVOLUTION

THE REDE LECTURE
1959

CAMBRIDGE UNIVERSITY PRESS

찰스 스노 저 | 1959년(영국)

『두 문화』는 영국의 과학자이자 소설가인 찰스 스노가 1959년 '두 문화와 과학혁명'이라는 제목으로 펼친 리드 강연을 책으로 낸 것이다. 스노는 인류 문화의 거대한 축이라고 할 수 있는 과학 문화와 인문 문화 사이의 의사소통 단절 문제를 발견하고, 심각한 지식 전문화에서 한 걸음 나아가 '두 문화'의 간극을 좁혀 세계 문제를 해결하자고 제안한다. 스노는 교육받은 과학자이면서 성공적 소설가로서 그 문제를 거론하기에 알맞은 자격을 갖추었던 것이다.

스노는 1959년 5월 7일 케임브리지대학교 본부 세니트 하우스에서 열린 강연에서 서구 사회의 지적 활동이 두 가지 극단적 그룹으로 나뉘고 있다고 주장했다. 또 인문학 전공자와 자연과학 전공자 사이의 괴리와 상호 몰이해, 의사소통 단절 등이 현대 문명의 중대한 장애물이자 심각한 위협임을 인식하고 우려를 표했다. 스노의 강연이 책으로 출판되자 대서양 양쪽에서 널리 읽히고 토론되었으며, 『두 문화와 두 번째 시각: 두 문화와 과학혁명의 확장판』(1964)도 출간되었다.

물론 스노의 주장을 비판하는 시각도 있었다. 문학평론가인 프랭크 리비스는 〈더 스펙테이터〉에서 스노를 조롱하며 과학계의 PR맨이라고 깎아내렸다. 그러나 〈더 타임스 리터러리 서플먼트〉는 『두 문화와 과학혁명』을 제2차 세계 대전 이후 서방 세계의 대중적 담론에 영향을 미친 책 100권에 넣었다.

9장

생명의 근원은
무엇인가?

제임스 왓슨

『이중나선』

⌒∘ 조직의 변화

직장 생활에 적응해 갈 무렵 주변 환경이 변화되었다. 정부 산하 공공기관은 특성상 3년 임기마다 기관장이 바뀌었다. 기관장한 사람이 바뀌는 것은 조직 전체가 바뀌는 것과 다름없을 정도로 공공기관에서 리더의 역할은 막중했다. 두 아이의 엄마인 데다가 38세라는 적지 않은 나이에 직장 생활을 시작한 나는 과학문화의 이론적이고 전문적인 지식은 다른 사람들보다 높았지만, 행정적실무 경험은 이제 막 익숙해지는 처지였기에 업무에서 때때로 불편한 상황에 직면하기도 했다. 그런 상황에서 기관 리더십의 변화는 조직의 많은 변화를 예고했다. 특히 여성 과학자가 새로운 기관장으로 부임한다는 소식은 여성 과학자인 나에게 새로운 기회일 수도 있고, 아니면 많은 남성 동료가 우려하는 것처럼 아주 나쁜 시간이 될 수도 있었다.

✎° PCST 국제 콘퍼런스

새로 부임해 온 이는 한국여성과학기술단체총연합회를 창설한 초대 회장인 데다가 생화학분자생물학회의 최초 여성 회장이라는 직함에 걸맞은, 아주 시야가 넓은 분이었다. 우리나라의 제2세대* 여성 과학자를 대표하면서 젊은 여성 과학자의 멘토로 존경받고 있어서 40대 워킹 맘으로서 일과 가정의 양립을 위해 고전하던 나의 입장을 십분 이해해 주는 것 같았다. 나아가 우수한 직원들과 함께 일할 수 있도록 새로운 팀을 만들어 주었기에 한동안 나는 신나게 일할 수 있었다. 이 시기에 특히 의미 있는 성과로는 아시아에서 처음으로 과학 기술과 위험 커뮤니케이션을 주제로 한 제9차 세계과학커뮤니케이션 국제회의를 성공적으로 준비해 개최했다

---

* 제1대 우리나라 여성 과학자는 최초의 여의사 박에스더(본명 김점동)이다.

는 점이다.[*] '세계시민의식과 과학문화 Scientific Culture for Global Citizenship'
를 주제로 40개 국가에서 700여 명이 참가한 세계과학커뮤니케이
션 국제회의는 아시아 지역에 과학기술커뮤니케이션의 필요성을 널
리 알리는 터닝포인트가 되었고, 이후 우리나라는 물론이고 일본
과 중국 등 아시아 대학에 과학커뮤니케이션 석사 과정이 도입되는
결정적인 계기로 작용했다.[**]

⌒° 여성 과학자 멘토

고등학교 때 선생님 말고는 멘토가 없던 내게 그분은 때때로
자녀 교육 문제, 시댁과 갈등 문제를 해결하는 자신만의 노하우를
들려주었고, 실질적으로 많은 도움을 받았다. 그러던 어느 해 가
을, 일본에서 매해 개최하는 교토 STS Science, Technology and Society 포럼
[***]에 함께 참가했다가 한국으로 돌아오는 비행기를 기다리는 동안

---

[*] 조숙경, 「제9차 세계과학커뮤니케이션 국제회의(PCST-9) 개최 결과 및 의의」, 과학기술정책연구원, 2007년.

[**] 조숙경, 「공동의 관심공간을 만들어라(Creating Common Ground)」, 과학과 기술, 2023년.

[***] 오미 고지(尾身幸次) 일본 전 국회의원이 주도한 이 과학기술사회포럼에는 100여 개 국가에서 과학기술 분야 연구자 1,000여 명과 세계 과학, 정치, 경제계 인사가 함께 참여해 과학 기술의 사회적 역할과 이슈를 논의한다. 2004년부터 매년 10월 일본 교토에서 개최되고 있다.

그는 내게 책 한 권을 소개해 주었다. 얼마 전에 자신이 번역했다며 소개한 책은 바로 37세 젊은 나이에 난소암으로 사망하는 바람에 안타깝게 노벨 과학상을 놓친 여성 과학자 로절린드 프랭클린Rosalind Franklin, 1922~1958에 관한 내용이었다. 프랭클린에 관해서는 제임스 왓슨James Watson이 집필해 세계적 반향을 일으킨 『이중나선』에서 조금은 부정적 측면으로 알고 있었던 터라 나는 별생각 없이 브렌다 매독스Brenda Maddox가 쓴 『로잘린드 프랭클린과 DNA』를 집어들었다. 책을 읽어 나가면서 그가 오래전 런던대학교 킹스 칼리지에서 연구했다는 사실을 접하고는 조금 친근한 느낌이 들었다. 그런데 놀라운 반전이 나타났다. 매독스의 책에서 그려진 프랭클린은 X선 분석에서 천재적인 실험과 계산법을 개발함으로써 20세기 과학사의 가장 위대한 발견에 기여한 인물이었다. 또 그와 함께 일했던 모리스 윌킨스Maurice Wilkins*는 프랭클린의 DNA X선 사진을 몰래 빼돌린 것처럼 묘사되고 있었다.

---

* 1962년에 왓슨, 프랜시스 크릭(Francis Crick)과 함께 DNA 이중나선 구조를 발견한 공로로 노벨 생리의학상을 공동 수상했다.

⌐○ 아름다웠던 DNA의 X선 사진

　그렇다면 프랭클린에게는 상반되는 평가 중 어느 것이 더 적절할까? 이제까지 알려져 온 것처럼 외골수에다가 성격도 못됐고 연구 자료를 공개하지 않아 윌킨스가 골치를 앓았던 인물일까? 아니면 매독스가 그려 낸 것처럼 과학을 향한 열정과 뛰어난 재능으로 X선 결정학에서 독보적 성과를 창출했으나 안타깝게 일찍 세상을 떠나는 바람에 성과를 제대로 인정받지 못한 비운의 과학자일까? 책에는 프랭클린이 킹스 칼리지를 떠나 버크벡 칼리지로 옮겼을 때 함께 일했던 저명한 물리학자 존 버널John Bernal이 프랭클린의 '명료함과 완벽성'을 칭송했다고 적혀 있으며, 그가 찍은 DNA의 X선 사진이 그 어떤 물질을 찍은 사진보다 더 아름다웠다고도 쓰여 있다. 또 그가 프랭클린의 죽음을 애도하는 자리에서 "X선 분석에서 천재적인 실험과 계산법을 개발해 크릭과 왓슨이 주장한 DNA의 이중나선 가설을 분명히 증명하도록 하고, 나아가 더욱 정확하게 만들 수 있었다."라고 말했다고 한다. 이쯤에 이르자 나는 프랭클린이 더욱 궁금해졌다. 프랭클린을 더 자세히 알고 싶어서 다시 집어 든 책이 바로 왓슨이 집필한『이중나선The Double Helix: A Personal

---

* 〈네이처〉에 실린 물리학자 존 버널의 로절린드 프랭클린 애도문의 일부이다.

Account of the Discovery of the Structure of DNA』[*]이었다.

╱° 이중나선

1968년 출간된 『이중나선』에는 20대의 왓슨이 1951년부터 1953년에 걸쳐 경험한 모든 아이디어와 사람이 기록돼 있다. 왓슨은 다른 사람의 기억이 아니라 자신의 기억으로 DNA 구조가 어떻게 발견되었는지 기술하려고 집필했으며, 과학이 항상 합리적 방향으로만 발전하지는 않는다는 점을 사람들이 알게 될 것이라고 말했다. 그는 "과학 연구 방법은 과학자의 개성만큼이나 다양하고, DNA의 이중나선 구조를 발견하는 과정도 반대를 위한 반대와 정정당당한 경쟁, 개인적인 야심이 뒤섞인 과학계에서 벌어지는 일반적인 과정"과 다를 바 없었다고 했다. 치열한 경쟁에서 승리한 최후 승리자 가운데 한 사람이었던 왓슨은 자신을 포함하여 크릭, 윌킨스, 프랭클린, 라이너스 폴링Linus Pauling 다섯 명에 관한 이야기를 때로는 지나치도록 솔직하게, 그리고 스스로가 말하는 것처럼 주

[*] 국내에는 2000년 전파과학사에서 출간한 하두봉 번역본과 2006년 도서출판 궁리에서 출간한 최돈찬 번역본이 있다.

관적인 입장에서 썼다. 책에 따르면 왓슨은 미국에서 건너와 영국의 낯선 사회 문화와 신사적 분위기*에서 연구비와 생활비를 확보하려고 동분서주해야 했다. 반면 크릭은 두뇌가 빠르고 뛰어났지만 매사에 잘난 체하고 떠벌리기를 좋아하는 수다쟁이여서 사람들에게 기피 대상이었다. 윌킨스는 캐번디시연구소$^{Cavendish Laboratory}$**와 경쟁 관계인 런던대학교 킹스 칼리지에서 DNA 구조 발견에 결정적 증거가 된 X선 회절 분석에서 앞서 있던 협력자이면서 경쟁자였다. 또 프랭클린은 윌킨스의 동료이면서 실력파였지만 성격이 괴팍하고 잘 지내기 어려운 인물이었으며, 마지막으로 미국 캘리포니아 공과대학교의 폴링은 당대 세계 최고의 화학자이자 DNA 구조를 밝혀내는 일에서 그들보다 훨씬 앞서 있다고 평가받고 있어서 왓슨과 크릭이 항상 따라잡고 싶어 하는 최강 경쟁자였다.

---

* 그가 보기에 영국 사람들은 자신이 하고 싶은 말과 행동을 절제하는 경향이 있는데, 연구 주제를 바꾸거나 선택할 때 역시 상대방과 자신의 관계를 고려하는 경향이 있었다.

** 케임브리지대학교 캐번디시 물리학연구소는 세계 최고의 물리학 연구소이며 노벨상 수상자를 많이 배출했다. 전자기방정식을 발견한 제임스 클러크 맥스웰(James Clerk Maxwell)이 주도해 1871년 문을 열었다.

왓슨은 짧은 에피소드 29편에서 이들 5명과의 만남과 교류, 사소한 잡담과 DNA에 관한 연구 등을 포함하여 치열한 경쟁 스토리가 박진감 있게 펼친다. 왓슨은 1951년 케임브리지대학교의 캐번디시연구소에서 미래의 공동 연구자이자 그보다 12세 많은 크릭을 만났다. 크릭은 원래 런던대학교 유니버시티 칼리지에서 물리학을 공부했으나 별다른 성과가 없자 연구 분야를 X선 결정학을 이용한 헤모글로빈 구조 연구로 바꾸어 캐번디시연구소에 머물고 있었다. 두 사람의 첫 만남을 왓슨은 다음과 같이 기록했다. "나는 이곳을 쉽게 떠나지 않으리라고 내심 다짐했다. 프랜시스 크릭과는 몇 마디 나눠 보지도 않았는데 이내 말이 통하는 사이가 되었다. 페루츠의 실험실에서 DNA가 단백질보다 더 중요하다는 것을 아는 사람과 만나다니! 시작부터 기분이 좋았다." 두 사람은 이후 캐번디시연구소의 실험실과 연구소 앞 대중 펍 '이글Eagle'(이글 펍은 케임브리지대학교의 명소 중 하나로, 관광객의 발길이 끊이지 않는 곳이다.)', 크릭의 집을 번갈아 다니면서 함께 밥을 먹고 토론하고 웃고 울면서 DNA의 이중나선 구조 발견이라는 역사적인 여정을 이어 나갔다.

○ 우선권 경쟁

『이중나선』은 위대한 발견에 이른 한 과학자의 자전적 고백이다. 저자 스스로도 밝히고 있는 것처럼, 다른 사람이 썼다면 그 내용은 상당히 달라졌을 것이다. 그런데도 이 책은 과학사 측면에서 매우 가치 있고 중요한 사료이다. 왜냐하면 이 책은 논문이나 보고서에서는 전혀 간파할 수 없는 내용, 즉 과학 연구가 실제 발견으로 이어지는 복잡하고 섬세한 과정을 아주 생생하게 보여 주기 때문이다. 과학의 역사는 사실상 우선권 경쟁이라고도 볼 수 있다. 우선권을 얻는다는 것은 곧 역사에 이름을 남기는 것을 의미한다. 특히 상대 연구팀과 거의 차이가 나지 않거나 상대 연구팀이 더 앞서고 있다고 판단되면 경쟁자를 물리치고 우선권을 획득하기란 거의 불가능에 가깝다고 할 수 있다. 그런데 왓슨과 크릭이 바로 그 일을 해낸 것이다. 라이너스 폴링이라는 당대의 거물급 과학자와 감히 경쟁을 벌였고 결국 우선권을 확보한 셈이다. 책에는 바로 이 우선권 경쟁에 관한 생생한 스토리가 담겨 있다. 폴링이 DNA 구조를 밝혔다는 소식을 전해 들었을 때 왓슨과 크릭은 밀려오는 좌절감과 울분으로 기운을 잃었다가도 "아직 폴링이 정식으로 발표한 것도 아니니 서둘러 해답을 찾아 폴링과 동시에 발표한다면 우리도 대등한 명성을 얻을 수 있을 것이다."라면서 서로를 다독이는 장

면이 있다. 또 폴링이 연구에 실패했다는 소식을 듣자 '폴링의 실패'
를 위한 축배를 들면서 "아직 형세는 우리에게 많이 불리하지만 그
렇다고 폴링이 노벨상을 굳건히 확보한 것은 아니다."라고 말하면
서 용기를 냈다고도 쓰여 있다.

⸰ 프랭클린

그렇다면 『이중나선』에서 프랭클린은 어떤 모습인가? 왓슨이
그리는 프랭클린의 면모는 언뜻 보기에는 긍정적인 것과는 거리가
있어 보인다. 하지만 자세히 책을 읽다 보면 왓슨이 프랭클린을 직
접 만나 연구에 관해 대화한 내용은 거의 나타나지 않는다. 대부
분 윌킨스와 대화하면서 프랭클린에 관한 부정적인 견해를 전해
듣는다. 그런데 사실 윌킨스와 프랭클린은 처음부터 서로에게 원하
던 바가 달랐기 때문에 갈등은 어쩌면 당연했다. 프랭클린은 윌킨
스가 원하던 '말 잘 듣는' 실험 조수 역할을 강력하게 거부했기 때
문이다. 실제로 책 어디에서도 왓슨은 프랭클린의 실험 능력이나
실험 결과를 폄하하지 않는다. 오히려 윌킨스가 몰래 전해 준 프랭
클린이 찍은 사진을 보는 순간 "나는 입이 딱 벌어지고 심장이 뛰
기 시작했다. 그 사진의 패턴은 이전에 얻은 것들보다 믿을 수 없을

만큼 간단했다. 그뿐 아니라 사진에서 가장 뚜렷한 십자형 검은 회절 무늬는 나선 구조에서만 생길 수 있는 것이었다."라면서 감탄했다. 또 왓슨은 "더욱이 그녀는 우리가 이중나선을 발견했다는 말을 하기도 전에 이미 스스로 행한 X선 측정 결과에서 나선 구조가 옳다는 것을 확인한 터였다."라고까지 했다.[*]

시대적 불합리함에 맞서다

게다가 10년 후에 쓰여진 책의 '후기'에서 왓슨은 2쪽 중 1쪽을 할애해 프랭클린의 업적과 성실함 그리고 용기를 높이 평가했다. "그녀의 첫인상은 학문적으로나 개인적으로나 그다지 좋은 편은 아니었다. 그러나 그런 사적인 감정을 떠나 나는 여기에 그녀의 업적을 몇 자 적으려 한다."라면서 프랭클린이 킹스 칼리지에서 수행한 X선 연구나 DNA를 A형과 B형으로 구별한 것만으로도 역사에 남을 것이라고 극찬했다. 이어서 왓슨은 당시 과학계의 분위기로는 연구가 벽에 부딪혔을 때 기분 전환이나 시켜 주는 존재로 여

---

[*] 또 책에는 윌킨스가 조수를 시켜서 프랭클린의 X선 사진을 몰래 복사한 장면도 나온다. 왓슨과 크릭은 1953년 DNA 이중나선 구조를 밝혔지만 그때까지도 프랭클린은 자신의 연구 자료가 자신도 모르게 유출된 사실을 전혀 몰랐다. 왓슨과 크릭이 프랭클린의 자료를 사용했다는 사실을 말하지 않았기 때문이다.

성을 생각했는데, 그런 열악한 상황에서 고도의 지성을 갖춘 프랭클린이 시대적 불합리와 용감하게 맞서 싸울 수밖에 없었던 것은 너무도 당연한 일이었을 것이라고 말했다. 시대적 불합리함을 뒤늦게 깨달은 왓슨이 새롭게 바라본 프랭클린은 불치병에 걸렸는데도 마지막까지 연구를 수행한 용기 있고 성실한 과학자였다.

⌒° 여성 리더의 새로운 과제

아이러니하게도 최후 승리자로서 성공 스토리를 담고 있는 왓슨의 『이중나선』은 프랭클린이라는 사라져 간 과학자의 존재를 다시 부각했고, 프랭클린의 성과를 세상에 널리 알렸다. 다른 세상일도 마찬가지인 것 같다. 당장은 오해를 받아 억울할 수도 있지만 일정 시간이 지나면 진실은 밝혀지는 것 같다. 숨은 진주는 곧 그 빛을 발하게 되는 것이다. 언젠가는 진가가 제대로 세상에 드러난다는 것을 프랭클린 사례가 잘 보여 준다.

나는 이후 여러 어려움에 직면해야 했다. 프랭클린이 겪은 어려움까지는 아니어도 여전히 남성 중심 사회가 지닌 여러 한계가 존재하는 데다가, 그러한 한계를 뚫고 성공을 이룬 극소수 여성 리더가 후배들에게 새로운 도전거리를 안겨 주었기 때문이었다. 이

두 가지 어려움을 극복하면서 나만의 길을 개척해 나가는 일은 엄청나게 많은 에너지를 필요로 했다. 앞선 세대 여성 과학자들에게 매서운 리더십 교육을 받았다고 할까? 이제 나도 어느덧 60이라는 나이에 도달했다. 리더가 되었을 때 무엇을 해야 하고 또 무엇을 하지 말아야 하는지를 분명하게 배운 경험을 토대로, 후배들과 제자들에게 더 근사한 선배의 모습을 보여 줄 수 있기를 희망한다.

『이중나선』

The Double Helix

제임스 왓슨 저 | 1968년(미국)

DNA 나선 구조를 밝힌 연구의 공로를 인정받아 노벨상을 수상한 제임스 왓슨이 연구 과정과 인물, 특히 과학자들의 숨은 이야기를 직설적이고 재미있는 소설 형식으로 대중의 눈높이에 맞게 쓴 책이다. 과학자들이 풀지 못한 숙제였던 DNA 구조의 모형을 만들고 설명해 내는 과정은 마치 드라마 한 편을 보는 것과도 같다. DNA 구조를 밝혀내는 과정을 둘러싸고 동료 프랜시스 크릭, 라이너스 폴링, 모리스 윌킨스, 로절린드 프랭클린 등 쟁쟁한 경쟁자가 포진한 상황에서 왓슨은 과학적 업적을 서로 먼저 이루려고 펼치는 치열한 경쟁과 갈등, 속임수, 실패와 좌절, 우연히 떠오른 영감 등을 잘 묘사하고 있다.

왓슨은 미국 시카고에서 태어나 시카고대학교를 졸업하고 인디애나대학교에서 박사 학위를 받은 뒤 영국 케임브리지대학교 캐번디시연구소에서 연구원으로 있다가 프랜시스 크릭을 만났다. 이후 크릭과 함께 이중나선 모형에 관한 논문을 〈네이처Nature〉에 발표했고 크릭, 모리스 윌킨스와 함께 노벨상을 받았다. 지은 책으로 『유전자, 여자, 가모브』, 『DNA를 향한 열정』, 『지루한 사람과 어울리지 마라』 등이 있다. 왓슨은 다른 과학자들보다 글을 잘 썼는데, 이 차별점이 어쩌면 왓슨을 더 성공하게 했을지도 모른다.

10장

과학은
유토피아를
가져오는가?

올더스 헉슬리
『멋진 신세계』

국립과학관 개관

재단에서 한창 일하면서 막 10년을 넘기던 시점에 반가운 소식이 하나 들려왔다. 2008년 국립과천과학관 개관에 이어 대구와 광주에도 광역 거점 국립과학관이 새로 개관할 예정이라는 내용이었다. 그동안 국가 차원에서 '사이언스 코리아 프로젝트'의 실제 사업을 기획하고 추진하면서 개인적으로 여러 차례 주장해 왔고, 과학문화 10대 사업에도 포함되었던 권역별 과학관 설립 사업이 결

---

* '사이언스 코리아 프로젝트'는 2004년 한국과학문화재단이 사무국이 되어 우수 청소년 이공계 기피 현상을 해소하는 일환으로 전국 규모로 기획하고 실시했던 사업을 총칭한다. 2004년 4월 21일 과학의 날에 대통령 권한대행이 참석하여 선포식을 거행했고, 10대 주요 사업을 제안했으며, 단계별 추진 전략도 수립했는데 과학관 설립도 그중 하나였다.

실을 눈앞에 둔 것이다. 국가 과학문화 정책 수립에 참여했던 담당자로서, 더 나아가 국내에서는 처음으로 과학관을 주제로 박사 논문을 쓰고 이후 과학관의 발전 방향을 고민해 오던 나로서는 정말 커다란 기쁨이 아닐 수 없었다. 이제야 우리나라에도 청소년에게 학교 밖 과학 교육을 제공하고, 일반 대중에게는 과학문화를 즐길 수 있는 인프라가 구축된 것이다. 물론 인프라를 채워 줄 좋은 콘텐츠를 찾는 일이 숙제로 남아 있기는 하지만 일단 첫 단추는 채워진 셈이었다.

낯선 도시 광주

그러던 어느 날 남편이 조용히 제안했다. 새로 개관하는 국립과학관을 두고 나만큼 고민한 사람은 없을 듯하니 기관장 자리에 공모해 보는 것이 어떠냐는 것이었다. 처음에는 아는 사람 하나 없는 낯선 곳으로 가라는 말이냐며 단칼에 거절했다. 그런데 시간이 지나면서 생각해 보니 기회는 저절로 생기는 것이 아니었다. 파스퇴르는 준비된 마음에만 기회가 찾아온다고 하지 않았던가! 내가 시간과 공간에 변화를 주지 않으면 새로운 기회는 오지 않을 터였다. 더 나아가 그동안 내가 배우고 공부한 것을 지역 사회에 기여

할 아주 좋은 기회일 수도 있겠다는 데까지 생각이 이르자 주저할 필요가 없었다. 물론 원하는 결과를 얻지는 못했지만, 그 일을 계기로 2013년 낯선 도시 광주로 떠나게 되었다.

✎° 과학 큐레이팅

전시와 교육 사업을 총괄하는 본부장의 역할은 생각보다 힘들었다. 하지만 전국에서 과학관으로 모여든 개성 있는 후배 직원들과 대화하고 논쟁하며 하나씩 새로운 것을 만들어 가는 과정은 새롭고도 신나는 경험이었다. 개관 전에는 전시물 몇 점만 놓여 있었기에 전시물을 채우고 특별 전시와 교육 관련 프로그램을 준비하는 일이 무엇보다 시급했다. 새로운 형태의 실험교육실*을 마련하고 과학전시물을 기획 제작했으며, 시의성 있는 주제로 특별 전시회를 기획하고 개최했다. 당시만 해도 과학 큐레이팅이 무엇인지에 관해 논의도 없었고, 과학관에서 여는 특별 전시는 주로 외부 전시 업체에 의존하고 있었다. 이런 상황에서는 전시의 파급력이 약

---

* 국립광주과학관의 특징 중 하나는 테마형 과학교실이다. 특정 테마를 중심으로 6개 테마형 과학교실, 바이오랩, 메디플러스랩, CSI랩, IT랩, 라이트랩, 에너지랩으로 기획하고 공간을 꾸미면서 프로그램을 구체적으로 구비했다.

하고, 더 중요한 메시지로 관심을 끌기에는 한계가 있었다. 그래서 전시 주제를 정하고 그 전시로 전달하려는 메시지를 만들면서 관련된 스토리 라인과 전시물을 선별하는 일종의 큐레이팅을 시작했다. 새로운 형태로 과학 전시를 추진함으로써 2016년에는 '2030 미래도시' 특별전*을 성공적으로 개최했는데, 그 일을 총괄하면서 여러 과학책을 찾아보게 되었다. 그때 눈에 들어온 책이 바로 『멋진 신세계Brave New World』였다. 과학 기술이 우리에게 멋진 신세계를 가져다줄 것인가, 이것이 특별 전시회의 화두였던 셈이다.

✎ 멋진 신세계

올더스 헉슬리Aldous Huxley, 1894~1963**가 쓴 『멋진 신세계』는 세계 3대 디스토피아 SF소설*** 중의 하나로 손꼽힐 만큼 기술의 발전이

---

* 앞으로 14년 후 미래는 어떨까? 도시의 도로와 가정과 산업 측면에서 2030년 미래도시를 상상하고, 첨단 과학 기술과 연관 지어 생각해 보는 전시회였다. 국내 최초로 광주, 부산, 대구를 돌며 진행된 3개 국립과학관의 공동특별전은 대단한 성공을 거두었고, 이후 대전의 국립중앙과학관과 국립과천과학관에서도 전시되었다.

** 올더스 헉슬리는 다윈의 불독으로 유명한 토머스 헉슬리의 손자이다. 원래 이튼 칼리지를 졸업하고 의학도가 되려 했지만, 망막염으로 시력을 잃자 영문학으로 전공을 바꾸어 작가의 길로 들어섰다.

*** 3대 소설 중 하나인 예브게니 이바노비치 자먀틴의 『우리들』은 1924년에 가장 먼저 출간되었다. 29세기를 배경으로 환상과 리얼리티, 의식과 무의식을 그린 반(反)유토피아 소설인데, 헉슬리의 『멋진 신세계』와 오웰의 『1984』 등에 지대한 영향을 끼쳤다고 평가된다.

가져올 미래 사회의 위험을 아주 잘 그리고 있다. 헉슬리는 허버트 웰스Herbert G. Wells의 『신을 닮은 인간Men like Gods』이라는 소설을 모티브로 글을 쓰기 시작하여 이 책을 1932년에 출간했는데, 지금으로부터 90년 전에 출간된 책이라고는 믿기 어려울 정도이다. 헉슬리가 미래 기술에 관해 펼친 상상력과 예측이 너무나도 정확하게 지금 우리의 현실이 되었다는 점에서 볼 때 왜 SF소설을 미래 사회학이라고 말하는지 십분 이해된다. 특히 그는 생물학의 기술적 진보가 전체주의적 사고와 만났을 때 상상을 초월하는 무시무시한 비극을 야기할 수 있음을 실감 나게 그린다. 오늘날에도 계속 출판되는 SF소설이 그리는 미래와 그 미래가 가져올 변화가 무척 궁금하기도 하고 많이 두렵기도 하다.

안정을 추구해야 한다

소설은 34층 회색 건물에 있는 '부화-습성 훈련 런던 총본부 Central London Hatchery and Conditioning Centre'에서 시작한다. 일반적으로 인

---

* SF소설의 아버지로 불리는 웰스의 가장 대표적인 작품은 『타임머신』과 『투명인간』이며, 『신을 닮은 인간』은 1923년에 출간되었다.

간은 난자 1개와 정자 1개가 만나 수정되고 일정 기간 태아로 성장하지만, 이제 인간 공장에서는 난자 1개가 267일이 지나면 쌍둥이 인간 96명으로 부화할 수 있다. 타고난 저마다의 개성인 키와 체격, 지능 등은 수정란에 공급되는 산소의 양에 따라 결정되며, 산소를 가장 적게 공급받은 엡실론^{epsilon, 5} 계급은 열악한 외형을 갖고 태어날 뿐만 아니라 평생 단순한 노동만 반복하게 된다. 알파^{alpha, 1}부터 엡실론에 이르는 다섯 계급은 각자 수행해야 할 업무가 정해져 있고, 이들은 서로 다른 능력을 지니고 태어났기에 사회적 갈등이란 존재하지 않는다. 신세계를 지배하는 통제관은 항상 말한다. "안정을 추구해야 한다. 안정이야말로 신세계를 유지하는 최초의 그리고 최후의 필요성이다."라고.

무섭고도 괴기스러운 세상

공장에서 부화한 아기들에게는 신파블로프^{新Pavlov} 방식[*]으로 유도 훈련을 하고, 이 훈련으로 여러 가지 습성을 세뇌한다. 아이들

---

* 파블로프의 개로 유명한 조건반사인데, 헉슬리는 어린 아이들을 책에서 멀리하도록 하려고 조건반사를 활용했고 이를 신파블로프 방식이라고 불렀다.

이 꽃과 책을 혐오하도록 아름다운 장미꽃과 화려한 표지의 책으로 가득한 공간에 아기들을 집어넣고, 아기들이 정신없이 즐거워할 때 격렬한 폭음과 경미한 전기 충격으로 공포스러운 기억을 심어주는 식이다. '가정'에 관해서도 마찬가지로 혐오와 왜곡을 바탕으로 생각하도록 유도한다. 가정은 육체뿐만 아니라 정신적으로 더할 나위 없이 추악한 곳이라는 생각을 반복하도록 유도하면서 동시에 행복하다는 생각도 세뇌한다. 예를 들면, 12년 동안 매일 밤마다 "지금은 누구나 행복하다."라는 말을 50번씩 반복하게 만드는 것이다. 그런 세뇌가 통하지 않아 혹시 힘들거나 우울하다는 생각이 들면 그때는 언제든지 '소마(정신안정제 알약)'를 복용하도록 한다. 참으로 무섭고도 괴기스러운 세상이 아닐 수 없다.

소설 속 두 세계

소설에는 두 가지 세계가 존재한다. 한 곳은 부화와 훈련 과정을 거친 인간이 사는 문명사회인 '신세계new world'이고, 다른 한 곳은 아직도 자연 방식으로 태어나 살아가는 '야만인 보호구역savage reservation'이다. 주인공 버나드 마르크스는 신세계의 알파 플러스 계급에 속하는데도 키가 작고 몸집도 작아 항상 콤플렉스에 시달린다. 그는 어느 날 야만인 보호구역으로 여행을 가게 되는데, 그곳에서 자연인 존을 만난다. 존의 어머니는 사실 신세계의 베타 계급 출신인데, 야만인 보호구역에 놀러 갔다가 남겨져 존을 낳아 기르는 과정에 야만인들에게 온갖 수모를 겪었다. 존은 그런 어머니를 통해 신세계를 동경해 오다가 우연히 만난 버나드를 따라 완벽하게 설계된 신세계로 넘어온다. 존이 항상 열망하던 신세계이지만 존은 곧 행복을 '세뇌당하는' 신세계 사람들에게 깊은 회의를 느끼며, 특히 죽을 때까지도 아무도 늙지 않는 신세계에서 자신의 어머니만 유일하게 늙어 가는 모습을 보면서 깊은 좌절을 경험한다. 그러면서 신세계 사람들을 향해 이렇게 외친다. "여러분은 노예로 살아가는 신세가 좋습니까? 여러분은 자유롭고 인간다운 사람이 되고 싶지 않습니까?"

세뇌당한 행복이 아니라 불행하더라도 자유로운 삶

결론 부분에서 존은 신세계를 통치하는 법을 만드는 통제관 무스타파 몬드를 만나 대화한다. 통제관은 신세계에서는 모두가 잘살고 안전하며, 전혀 병을 앓지 않고, 죽음을 두려워하지 않으며, 늙지도 않고 욕정도 모르기 때문에 모두가 행복하다고 말한다. 즉 생로병사가 야기하는 걱정과 근심이 모두 사라졌기 때문에 불행하지 않다는 것이다. 하지만 존은 말한다. 사람들이 진정 가져야 할 것은 세뇌당한 행복이 아니라 비록 불행하더라도 자유로운 삶이며, 불편해지고 늙고 추악해질 권리, 또 내일을 걱정할 권리라고.

◦ 무모한 신세계

혁슬리가 그린 신세계는 인간이면 누구나 직면하고 두려워하는 노동과 출산, 병듦과 죽음, 그 모든 것이 제거된 세상이다. 이는 과학 기술의 진보를 바탕으로 실현될 세상이다. 하지만 정말 그러한가? 과학 기술의 발전이 가져올 인간 사회의 변화가 과연 이런 모습인가? 분명 그렇지는 않다. 혁슬리가 이 소설에서 정말로 전하고 싶었던 메시지는 과학 기술의 방향과 속도를 조절해야 한다는 것이고, 그것은 집단 지성으로 가능할 수 있다는 주장이다. 그렇기 때문에 소설 제목이 'brave(용감한)' 신세계이지 'wonderful(아주 멋진, 훌륭한)'이나 'marvellous(기막히게 좋은, 경탄할 만한)' 신세계가 아니다. 특히 이 용어는 셰익스피어의 희곡 '템페스트Tempest*'에서 따왔는데, 미래의 과학 기술이 폭풍처럼 인간 사회의 모든 것을 휩쓸어 버릴 것이라는 무서운 메시지를 전하는 경고나 마찬가지이다. 존이 이 문장을 사용할 때는 '소마'를 배급받으려고 아우성치는 사람들에게 제발 정신 차리라고 말할 때여서 'brave'를 '멋진'으로 번역했는데, 이는 대단히 잘못되었다. 오히려 '무모하면서 무지한'이라는 의미가 더 강하기 때문에 '멋진 신세계'가 아니라 '무모한 신세계'라고 해야 할 것이다.

다시 찾아본 멋진 신세계

소설 출간 27년 만에 헉슬리는 『다시 찾아본 멋진 신세계Brave New World Revisited』를 출간했다. 그는 그사이에 인공수정, 산소호흡기, 신경안정제, 진공안마기, 촉감영화, 수면학습 등 기술이 이미 실현되었고 심각한 부작용과 함께 인간성 왜곡이 예상보다 빨리 진행되었다고 평가했다. 그러면서 그 주된 원인으로 인구 증가를 꼽았다.[**] 인간의 편리함을 위해서, 또 인간의 고통을 해결하려고 만든

---

[*] O wonder! How many goodly creatures are there here! How beauteous mankind is! O brave new world, That has such people in't.
(오, 놀라워라! 이 많은 훌륭한 피조물이라니! 인간은 참으로 아름다워라! 오, 멋진 신세계, 이런 사람들이 사는 곳.)

[**] 전 세계 인구는 2022년 11월 80억 명을 돌파했다. 유엔 인구 보고서에 따르면 세계 인구는 2037년 90억 명을 넘어서고 2086년이면 104억 명으로 정점을 찍는다고 예측한다. 하지만 선진국에서는 인구 감소가 심각한 사회 현상이 되었고, 세계 인구 1위이던 중국도 인구 감소가 일어나 얼마 전 인도에 1위 자리를 내주었다.

발명품이 오히려 인간의 주인이 되는 현실. 과학 기술이 지니는 이러한 이중성을 어떻게 집단 지성의 힘으로 하나씩 해결해 나갈 것인가? 과학 기술의 방향성과 속도에 어떻게 영향을 줄 수 있을까?

⨏° 미래는 꿈꾸는 자의 것

헉슬리가 끌어안았던 고민과 나아가고자 했던 방향성을 '2030 미래도시' 특별전에 십분 담아내려고 노력했다. 전시장을 관람하고 출구로 나오기 직전에 마련한 특별 코너에서 우리가 함께 만들고 싶은 미래는 과연 어떤 미래인가를 잠시 생각해 볼 수 있도록 기획했다. 이를 위해 UN이 정한 17가지 지속가능발전목표^{SDGs:} Sustainable Development Goals*를 설명하는 도표와 그림을 전시하고, 각각의 내용을 과학 기술과 연관 지어 소개하는 패널을 마련했다. 이 내용을 접하고 전시회장을 나온 관람객은 쪽지에 각자가 가고 싶은 미래를 써서 왼쪽 벽면에 붙이게 했는데, 관람객의 참여도도 높

* 지속가능발전목표는 '지속 가능한 발전'을 위한 국제적인 약속이다. 지속 가능한 발전이란 '미래 세대의 필요를 충족시킬 수 있으면서 오늘날의 필요도 충족시키는' 개념이며 사회와 경제 발전에 더불어 환경 보호를 함께 이루는 미래지향적인 발전을 의미한다. 이를 달성하고자 2015년 9월 전 세계 유엔 회원국가가 모여 합의한 것이 SDGs이다. 2016년부터 2030년까지 15년간 전 세계가 함께 추진해야 할 목표이며, 17개 목표(Goals)와 169개 세부목표(Targets)로 구성되어 있다.

았지만 결과는 더욱 놀라웠다. 우리가 우리의 미래를 만들어 갈 수 있느냐는 질문에 대부분 "예!"로 답했을 뿐만 아니라 '인간을 위한 과학', '인간에게 봉사하는 기술'이어야 한다는 답변이 90%를 넘어선 것이다.

오른쪽 벽에는 자전거를 타고 누운 어린아이 사진을 커다랗게 걸고 "미래는 꿈꾸는 자의 것이다."라는 메시지를 적었다. 이미지를 통해 미래 방향을 생각해 보게 한 것이다. 헉슬리가 책에서 진정 전하고자 했던 '과학과 사회의 공진화(共進化)*'라는 메시지가 과학 큐레이팅을 거쳐 빛나는 결과를 만들어 냈다. 당신이 정말 가고 싶은 미래는 무엇인가?

---

* 서로 영향을 주면서 진화하여 가는 일.

『멋진 신세계』

Brave New World

올더스 헉슬리 저 | 1932년(영국)

『멋진 신세계』는 명문 집안 출신 영국 작가로서 해박한 지식과 예리한 지성, 우아한 문체, 냉소적 유머 감각으로 유명한 올더스 헉슬리가 1932년에 발표한 작품이다. 고도로 과학이 발달해 사회의 모든 면, 즉 인간의 출생과 자유까지 통제하는 미래 문명 세계를 그렸다. 인간성을 상실한 미래 세계를 신랄하게 풍자하는 한편, 신의 영역을 넘보는 인간의 오만함에 경고를 전한다.

'신세계'에서 인간은 태어날 때부터 알파부터 엡실론까지 다섯 계급으로 나뉘어 대량 생산된다. 끝없이 반복되는 수면 학습과 세뇌로 운명에 순응하며 수동적으로 살아간다. 어쩌다 기분이 나쁘거나 고통스러울 때면 '소마'라는 안정제를 먹고 해결할 수 있는, 일견 완벽해 보이는 유토피아가 소설의 배경이다.

이 책은 조지 오웰(George Orwell)의 『1984』처럼 충격적인 미래 예언을 전하며 인간의 자유와 도덕성에 질문을 던진다. 헉슬리가 그리는 소름 끼치는 미래상이 더는 공상소설에만 머무르지 않는다. 이는 인간성의 상실 위기를 다루는 작품이라고 할 수 있다. 이 작품은 미래를 가장 깊이 있고 날카롭게 파헤친 작품 중 하나로 평가받는다.

11장

인류는
계속 발전할 수
있는가?

제러미 리프킨

『엔트로피』

◦ 하루아침에 평직원

　"끊임없이 갈망해라, 우직하게 걸어가라." 한동안 이 구절을 비밀번호로 사용할 정도로 스티브 잡스의 연설에 매료된 적이 있다. 2011년 스탠퍼드대학교 졸업식에서 잡스가 행한 연설은 참으로 많은 생각을 하게 해 주었다. 잡스는 대학을 그만둘 수밖에 없었던 자신의 사연을 소개하면서, 유일하게 수강하던 캘리그래피 강연이 매킨토시 컴퓨터의 글씨체를 만드는 결정적 역할을 했다면서 인생은 알 수 없는 점과 점의 연결이라고 말했다. 살다 보면 누구나 전혀 생각지도 못한 불행에 직면하기도 한다. 그 어려운 상황을 얼마나 잘 견디고 극복하느냐의 정도에 따라 그다음 인생의 행로가 결정된다는 것을 잡스는 길지 않은 연설에서 잘 설명해 주었다. 그로부터 얼마 지나지 않아 나에게도 예기치 않은 어려움이 찾아왔다. 과학관 경험을 바탕으로 기관장 직에 도전했지만 원하는 결과 대신 참혹한 일이 일어났다. 20여 년간 공공기관에서 근무하며 보직자로서 일해 왔는데, 하루아침에 평직원이 되어 버린 것이다.

✏️ 오히려 새로운 기회

평직원이 되었다는 것은 여러 가지를 의미했다. 책임져야 할 일의 범위가 매우 작아졌다는 것과 일하는 공간이 축소되었다는 것, 호칭이 바뀌었다는 것과 월급이 깎이는 등 부정적인 상황이 이어졌다. 하지만 가장 어둠이 짙을 때 그 속에 빛의 씨앗이 있고, 가장 밝음이 환할 때 그 속에 어둠이 씨앗이 있다고 하지 않는가! 모든 일에 양면이 있듯이 나의 불행 상태는 다른 한편으로는 오히려 새로운 기회가 되었다. 오랫동안 접하지 못한 영화와 책을 마음껏 보고 읽으면서 삶의 다양한 방식을 간접적으로 경험할 수 있었다. 또 떨어져 지낸 가족들과 관계에 더욱 관심을 기울일 수 있었고, 남도의 아름다운 산과 강과 사찰을 찾아다니며 마음껏 자연의 사계를 구경할 수 있었다. 한동안 발가락 마비를 앓았지만 건강의 중

요성을 깨달았고, 인간관계의 신뢰 문제를 다시 고민하는 계기도
되었다.

ꝰ 엔트로피

　시간 여유가 생기니 집 안 청소를 하게 되었는데 책장 정리가
제일 우선이었다. 베스트셀러 반열에 있어서 구매해 두긴 했지만,
미처 읽지 못한 책 여러 권이 눈에 띄었다. 그중에서 무심코 집어
든 책이 바로 제러미 리프킨 Jeremy Rifkin 1945~ *의 『엔트로피』였다. 물
리학을 공부했다는 이유로 엔트로피를 잘 안다고 생각했기 때문인
지, 아니면 물리학 내용이 너무 많을 것 같다는 오해 때문인지 그
책 읽기를 미뤄 두고 있었다. 마치 어렸을 적 아버지가 사 주신 20
권짜리 세계 명작 전집에서 미루고 미루다가 맨 마지막에 집어 들
었던 존 스타인벡의 『분노의 포도』를 집어 든 느낌이었다. 그런데
프롤로그 첫 문장을 읽으면서 완전한 반전이 일어났다. 거기에는
"원하는 것을 얻을 수 있다는 느낌, 그것이 바로 희망이다. 이 책은

---

* 제러미 리프킨의 대표 저술로는 『노동의 종말(The End of Work)』, 『출현하는 질서(The Emerging Order)』,
『생물권 정책(Biosphere Politics)』, 『바이오테크의 세기(The Biotech Century)』 등이 있다.

희망에 관한 책이다. 잘못된 환상을 깨고 그 자리에 새로운 진리를 세움으로써 얻는 희망!"이라고 쓰여 있었다. 정신이 번쩍 들었다. 희망을 이야기하는 이 책을 왜 이제야 접하게 되었을까 생각하며 곧바로 읽기 시작했다.

✎ 제러미 리프킨

제러미 리프킨은 학부에서 경제학을 공부했지만 과학 기술의 변화가 경제, 노동, 사회, 환경에 어떠한 영향을 미치는지를 문명사적 관점에서 날카롭게 분석하고 대안을 제시하는 문명비평가인 동시에 행동하는 철학자이기도 하다. 리프킨은 1973년에 200년 전 '보스턴 티 파티' 사건이 일어난 보스턴 항구에서 빈 석유통을 바다에 집어 던지는 행동으로 석유 회사에 반대하는 대중 시위를 주도했고, 1993년에는 그린피스 등 6개 국제 환경단체와 공동으로 전 세계 쇠고기 소비량을 50% 줄인다는 목적으로 '육식을 넘어 캠페인Beyond Beef Campaign'을 전개하기도 했다. 그는 소가 연간 방출하는 메탄가스는 이산화탄소 배출량보다 23배나 더 지구 온난화에 나

---

* 언론은 이 사건을 '보스턴 티 파티'와 대비해 '보스턴 오일 파티'라고 이름 붙였다.

뿐 영향을 준다고 주장했다. 리프킨은 2~3년에 한 권씩 책을 출간할 정도로 다작가로도 유명하지만, 리처드 도킨스^{Richard Dawkins}와 진화론에 관해 대중적으로 논쟁을 벌인 스티븐 굴드^{Stephen J. Gould}*에게 심각한 과학적 오류를 범했다는 심한 비판을 받은 것으로도 유명하다.

✎ 과학자가 꼽은 최고의 법칙

원래 열역학 제2 법칙인 엔트로피 법칙은 독일의 물리학자 루돌프 클라우지우스^{Rudolf J. E. Clausius}가 1865년에 발견했는데, 열이 스스로 저온 물체에서 고온 물체로 이동할 수 없다는 것이다. 그는 그리스어 τϱοπη와 에너지를 뜻하는 En을 합쳐 엔트로피라 불렀는데, 엔트로피는 물리계에 생겨나는 무질서의 정도로 정의되며, 물리적 현상에 어떤 방향성이 존재한다는 것을 의미한다. 이 법칙을 아인슈타인은 '모든 과학에 있어서 제1 법칙'이라고 불렀으며, 아서 에딩턴^{Arthur Eddington}은 '전 우주를 통틀어 최상의 형이상학적

---

* 굴드는 "만일 생물의 역사가 테이프로 되어 있어서, 테이프를 수십억 년 뒤로 되감은 뒤 다시 재생한다면 생태계가 지금과 똑같을 것인가?"라고 질문하여 생태계 대부분은 우연의 산물이라고 주장했다.

법칙'이라고 평가했다. 1980년 출간된『엔트로피』는 과학자들이 최고의 법칙이라고 칭한 '엔트로피' 개념으로 인류가 지나온 역사를 기술하고 있으며, 동시에 현재 우리가 직면하고 있는 기계 문명의 문제점도 지적한다. 현대 문명의 중심에 에너지가 있다면, 현대 문명 비판서의 중심에는『엔트로피』가 있다고 해도 지나치지는 않을 듯하다.

✏° 세상은 질서가 없는 것으로 변화

리프킨은 먼저 그동안 우리가 역사에 품었던 생각을 완전히 바꿀 것을 주장한다. 그에 따르면 플라톤, 아리스토텔레스 등 그리스 사람들은 역사가 완벽을 향한 발전 과정이 아니라 지속적인 쇠락 과정이라고 보았고, 중세 사람들도 역사를 성장이나 물질을 획득하는 과정으로 파악하지 않았다. 하지만 데카르트와 뉴턴의 영향으로 형성된 근대의 기계적 세계관에서는 역사를 질서 있고 완벽하게 예측할 수 있는 상태를 향해 지속적으로 발전하는 과정이라고 정의했다. 더 많은 물질적 부를 축적할수록 더욱 질서 있는 세상이 된다는 것이다. 하지만 나무 연료에서 화석 연료로, 석유에서 전기로 변천해 온 에너지의 전환 과정은 결코 질서를 향한 발자취가 아니다. 왜냐하면 엔트로피 법칙에 따르면 모든 물질과 에너지는 사용할 수 있는 것에서 사용할 수 없는 것으로, 이용할 수 있는 것에서 이용할 수 없는 것으로, 그리고 질서 있는 것에서 질서가 없는 것으로 변화하기 때문이다. 역사를 진보로 바라보는 세계관은 이제 내던져야 한다. 그렇게라도 하지 않으면 인류의 역사가 우리 세대에서 끝나 버릴지도 모른다.

역사는 질서에서 혼돈으로 나아가는 사이클의 영원한 반복

그렇다면 역사를 진보 과정이 아닌 것으로 바라보는 리프킨의 시각에서 과학과 기술은 어떤 역할을 하는가? 과학과 기술이 더 질서 있는 사회를 만들 것이라는 생각은 환상에 불과하고, 기존의 에너지가 새로운 에너지로 대체되는 데 사용되는 기술은 사실 에너지 전환자일 뿐이다. 첨단 기술을 개발하고 활용하면서 인간이 '진보'라고 말하는 것은 '덜 질서 있는' 자연적 세계가 인간에게 이용됨으로써 더 질서 있는 물질적 환경으로 나아가는 과정을 의미하는데, 이것은 정확히 엔트로피 법칙에 위배된다. 나무 연료가 석탄 연료로 대체되는 과정에서, 또 석유 자원이 전기 에너지로 대체되는 과정에서 더 많은 유용한 에너지가 소비되어 쓰레기가 더 많이 생길 뿐이다. 지구상이든 우주에서든 질서를 창조하려면 더 큰 무질서를 만들어 내야 하고, 질서를 창조하는 데 사용된 수많은 에너지의 일부는 환경오염 또는 실업으로 인류에게 혼돈을 가져다준다. 역사는 질서에서 혼돈으로 나아가는 사이클의 영원한 반복인데, 이 반복을 멈출 방법이 있는가? 만약 있다면 그것은 무엇인가?

✎ 지구의 파괴자, 지구의 파수꾼

리프킨은 우리 인류가 "지구의 파괴자가 될 것인가, 아니면 지구의 파수꾼이 될 것인가?"라고 질문함으로써 그 방법을 제시한다. 그는 현재 우리 세계가 직면한 에너지 문제, 실업 문제 등 암울한 현실을 극복하려면 엔트로피 법칙에 근거한 새로운 세계관으로 과감하게 옮겨 가야 한다고 주장한다. 새로운 세계관은 '자연의 리듬을 존중'하면서 '저에너지-저엔트로피'를 지향하는 것인데, 되도록 에너지를 적게 소모하고, 에너지 흐름의 속도를 최대한 낮춤으로써 전체 엔트로피 증가를 줄이는 것이라고 말한다. 그 출발점은 지구라는 폐쇄계에 내재하는 물리적 한계를 인정하는 것과 지구상의 다른 생물 종과 화해하면서 살아가려고 하는 우리 인간의 의지에 있다. 이제는 자연을 착취와 활용 대상이 아니라 총체적으로 보호protect해야 할 생명의 원천으로 바라보아야 하며, 인간과 자연이 '하나'라는 사실을 받아들여야 한다는 것이다. 리프킨은 '행복한 사람은 역사를 만들지 않는다.'는 프랑스 속담을 인용하면서 모든 일이 잘 진행될 때 사람들은 자신의 생활양식을 결코 바꾸지 않지만, 지금은 절체절명의 위기이고 불행한 시기라고 말한다. 우리가 더 늦기 전에 우리 스스로를 완전히 구하는 길은 대대적인 패러다임 전환에 있다는 것이다.

자연의 시중을 드는 인간

리프킨은 1977년에 노벨 물리학상을 받은 일리야 프리고진Ilya Prigogine*의 "세계를 자동 기계로 보는 고전물리학을 버리고 세계를 하나의 예술 작품으로 보는 그리스적 패러다임으로 회귀하자."라는 말을 인용하면서 엔트로피 세계관 교육과 종교가 어떻게 변화해야 하는지를 이야기한다. 교육은 이제 평가나 측정보다는 과정을 중시해야 하며, 자급자족 능력을 길러 주어야 하고, 자연과 맞서는 인간

---

* 벨기에 물리학자인 일리야 프리고진은 저서 『혼돈으로부터의 질서』와 '복잡계의 과학' 주창자로 유명하다. 복잡계의 과학은 비평형 상태에서 일어나는 '비가역적, 비선형적 변화'를 설명하는 이론이며, 복잡계는 설명에 필요한 변수가 많아서 복잡하다는 뜻이 아니라 평형에서 멀리 떨어져서 복잡한 현상이 나타난다는 뜻이다.

이 아니라 자연 속의 인간이라는 개념을 심어 주어야 한다. 또 기독교에서는 성서에 기록된 '자연 지배' 개념을 이제 '자연을 착취할 권리'에서 '자연의 시중을 드는 역할'로 바꿔야 한다고 말한다.

현대 사회의 대안

엔트로피라는 물리학적 개념으로 인류의 역사적·사회적·경제적·정치적·윤리적 측면을 재해석했다는 점에서 이 책은 출간 당시부터 매우 신선하고 획기적이었고, 전 세계에서 많은 관심을 받았다. 하지만 앞서 언급한 과학적 오류 외에도 여러 비판이 뒤따랐다. 현대 사회의 모든 측면을 지나치게 편향적으로 엔트로피 개념으로만 설명하려 했다는 측면에서 '과학주의scientism' 혹은 '환원주의'로 보일 수 있기 때문이었다. 또 대안으로 제시하는 자연과 더불어 사는 삶, 즉 '무조건 자연으로 돌아가자.'는 방식은 대책 없는 반과학주의anti-scientism로 보일 수도 있다. 예를 들어 "현재 미국의 농업 기술은 비료와 농약 형태로 더 많은 에너지를 사용하고, 이에 따라 땅은 더 심하게 쇠퇴하고 해충은 더 지독해지는 악순환에 걸려 있으니" 비료와 농약이 없던 과거로 돌아가야 한다고 주장하는 듯한데, 이것이 과연 적절한 대안인가? 지금보다 훨씬 적은 인구였지만 먹고살기 힘들었던 구식 농업 체제 아래 생존을 위해 온종일 노동에 매달려야 했던 시대로 되돌아가자는 말인가?

에너지 대전환이라는 시대적 사명

제1차 산업혁명이 일어난 이후 지난 300여 년간 인류는 과학과 기술 덕분에 삶의 거의 모든 측면에서 놀라운 진보를 이루어 냈다. 이제는 과학 기술이 바꾼 세상을 떠나서는 살아갈 수가 없다. 인간의 평균 수명만 하더라도 1840년대에는 40세 초반이었는데 21세기에는 여성이 80세, 남성이 75세로 거의 두 배 늘었다. 노화와 치매 예방을 위한 각종 신약을 연구 개발한 덕에 100세를 넘기는 사람도 주변에 많아졌다. 불과 300년 만에 평균 수명이 3배가량 늘어난 사실을 고려해 보면, 과학 기술의 힘은 실로 엄청나고 대단하다. 그러나 리프킨의 주장대로 이러한 발전의 토대는 에너지 때문에 가능했고, 이제 에너지 소비 형태를 바꾸지 않으면 인류는 지구 위기라는 재앙을 맞닥뜨릴 수밖에 없을 것이다. 하지만 구체적으로 어떻게 저에너지, 저엔트로피 방식으로 바꾸어야 할 것인가? 리프킨이 꿈꾸던 저에너지, 저엔트로피 방식으로 에너지 대전환이 정말로 시급한 이 시대에 이 일을 기술과 공학으로 고민하고 해결하려는 대학이 있다. 바로 한국에너지공과대학교KENTECH*이다. 켄텍은 에너지 대전환이라는 시대적 사명을 갖고 시작한 대학인데, 내가 그곳으로 자리를 옮겨 젊은 학생들과 인류의 현재와 미래를 함께 논의하게 된 것은 어쩌면 미리 정해진 경로같은 것이 아닐까라는 생각이 든다.

---

* 켄텍은 글로벌 에너지 산업 리더와 연구 인력 양성을 목표로 2001년 개교했다. 작지만 강한 대학으로 2050년까지 글로벌 Top 10 공과대학을 목표로 한다. 에너지 분야의 여러 기술을 아우르고 융합하는 단일 학부로 운영하며 기후환경기술, 에너지신소재, 스마트그리드, 에너지인공지능, 수소에너지 5개 트랙이 있으며, 인문사회과학 분야의 교육을 담당하는 켄텍 칼리지가 있다.

『엔트로피』

Entropy

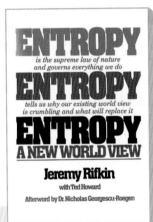

제러미 리프킨 저 | 1980년(미국)

제러미 리프킨은 과학과 기술의 발전이 경제, 사회, 환경, 나아가 인류에 미치는 영향을 폭넓게 연구하며 미래 사회의 새로운 패러다임을 제시해 온 경제학자이다. 『엔트로피』는 가용 에너지를 초과하는 상황에 경고를 보냄으로써 역사를 진보로 보는 시각을 무너뜨리고, 과학과 기술이 더 질서 있는 사회를 만들 것이라는 환상을 깨뜨리게 해 주며, 제러미 리프킨의 이름을 전 세계에 알렸다.

엔트로피 법칙에 따르면 질서를 창조하려면 더 큰 무질서를 만들어 내야 하는데, 질서를 창조하는 데 사용된 수많은 에너지는 어떻게 되었을까? 일부는 질서를 창조했을 테지만, 나머지는 다시는 쓸 수 없는 에너지가 되어 환경오염, 인플레, 실업, 암이라는 이름으로 오히려 인류에게 혼돈만 가져다주었다. 또 지구의 자원은 우리가 막무가내로 파내고 써 버려도 남아 있을 만큼 무한한지, 후손들의 양식을 빼앗아 다 먹어 치우고 있지는 않은지 생각해 보게 한다.

리프킨은 지구 자원의 한계를 인식하고 인류가 사용하는 기술의 한계를 설정하는 저에너지, 저엔트로피 세계관을 받아들여야 한다고 말한다. 그렇게 한다고 해도 우리가 조상에게 물려받은 만큼 후손들에게 물려줄 수는 없겠지만, 그렇게라도 하지 않으면 인류의 역사가 우리 세대에서 끝날지도 모를 일이다.

12장

과학에서도 만남은 중요한가?

로이 포터

『2500년 과학사를 움직인 인물들』

기후변화, 기후위기, 기후재앙

'기후변화'라는 용어는 불과 몇 년 만에 '기후위기'로 바뀌었고, 다시 '기후재앙'으로 바뀌었다. 작년 한 해만 해도 세계 여러 대륙에서 최악의 기상이변을 경험했다. EU 집행위원회는 세계가뭄관측GDO 보고서에서 유럽 3분의 2 지역이 가뭄으로 고통받았으며 이는 500년 만에 맞는 최악의 상황이라고 평가했다. 그 반대편 아시아에 있는 파키스탄과 우리나라에서는 정반대 상황이 펼쳐졌다. 6월부터 시작된 몬순 우기로 국토의 3분의 1이 완전히 물에 잠긴 파키스탄의 기후장관은 "우리가 경험한 모든 한계와 기준을 넘어서는 큰 위기이면서 기후로 야기된 극심한 인류 재앙"이라며 전 세

로이 포터

계에 도움을 구하고 나섰다. 그러면 이러한 기후재앙의 원인은 무엇일까? 그것은 바로 산업화가 가속되면서 더 많은 화석 에너지를 사용하고 그 때문에 대기로 배출되는 이산화탄소 양이 급증한 탓이다. 이에 전 세계는 1992년 리우 선언*을 비롯해 파리기후변화협약** 등 UN 기후변화협약을 체결하면서 이산화탄소 배출을 줄이려는 노력을 국제적으로 강구해 오고 있다.

교수가 되다

이산화탄소 배출을 줄이는 방법은 결국 두 가지이다. 하나는 이산화탄소를 배출하는 화석 에너지 등을 덜 사용하는 것이고, 다른 하나는 이산화탄소를 적게 배출하거나 전혀 배출하지 않는 에너지를 찾는 것이다. 가장 이상적인 방법은 이산화탄소를 전혀 배출하지 않는 에너지를 찾아 인류가 저가에 쓸 만큼 그 효율을 높이는 것이다. 이 문제를 해결하는 것이야말로 21세기 우리 인류가 당

---

* 정식 명칭은 '기후변화에 관한 유엔 기본협약'이며 '리우환경협약'이라고 부른다. 1987년 제네바에서 열린 제1차 세계기상회의에서 정부간기후변화패널(IPCC: Inter-Governmental Panel on Climate Change)이 결성되었고, 1992년 6월 정식으로 기후변화협약이 체결되었다. 이산화탄소를 비롯해 온실가스 방출을 제한하여 지구 온난화를 막는 것이 목적이다.
** 교토의정서가 만료되면서 2021년 1월부터 적용된 국제적인 기후변화협약을 말한다.

면한 가장 시급하고도 절실한 과제이다. 미래를 앞서서 내다보는 세계적인 학자들은 이 위기를 해결하지 못하면 우리 인류가 영원히 지구에서 사라질 것이며, 남은 시간이 별로 없다고 주장한다. 가이아 이론Gaia theory*으로 유명한 제임스 러브록James Lovelock이 대표적인데, 그는 2050년이 우리에게 남은 마지막 시간이라면서 원자력이야말로 이산화탄소를 배출하지 않고 지구의 원상태를 회복시킬 수 있는 에너지라고 주장했다. 기존의 화석 에너지든 신에너지든 혹은 재생에너지든 우리가 살아갈 지구 환경의 '지속가능성'을 유지하는 일은 인류에게 절체절명의 과제가 되었다. 바로 이 문제를 주어진 시간 안에 효과적으로 해결하고자 대한민국은 2021년 나주혁신도시에 한국에너지공과대학교KENTECH를 설립했다. 심각한 위기가 닥친 이 분야에서 훌륭한 인재를 키우고 균형 잡힌 리더 그룹으로 안내하는 일은 매우 중요하기에, 나는 이 일에 전념하고자 또 한 번 과감한 도전을 시작했다.

---

* 제임스 러브록은 NASA에 근무하면서 전자포획장치를 개발해 대기에 프레온가스(CFCs)가 존재한다는 것을 발견하고 오존층 파괴의 원인을 연구하도록 이끈 영국의 대표 과학자이자 미래학자이다. 그는 지구를 환경 변화에 반응하는 살아 있는 하나의 시스템인 '가이아(Gaia)'로 규정하면서 산업 발전과 인구 증가로 유발된 기후 온난화를 우리가 몸이 아플 때 발생하는 열과 같다고 비유했다. 그는 지금 패러다임이 계속되면 2050년에는 14억 명에 해당하는 세계 인구가 현재 거주지를 떠나 북쪽으로 이동해야 한다고 예측했다. 불과 30년도 남지 않았으니 극단의 처방을 마련하지 않으면 우리 자녀는 자신이 태어난 고향에서 살고 싶어도 더는 살 수 없게 된다고 경고했다.

✎ 나에게 영감을 준 과학자

첫 신입생을 맞이하는 준비 작업은 아주 빠르고 박진감 넘치게 진행되었다. 그중 켄텍에서 새롭게 도입한 프로그램이 있는데, 바로 입학 전에 마련되는 '프리텀Pre-term*'이다. 입학 전 학생들에게 대학에서 배우게 될 내용을 미리 맛보기로 보여 주는 것인데, 교수 3명이 6회에 걸쳐 진행하기로 했다. 나는 가장 먼저 학생들과 만나는 영예 혹은 부담을 안게 되었다. 코로나19 여파가 클 때라서 줌으로 강연을 하기로 했는데, 무슨 내용으로 어떻게 진행해야 가장 효과적이고 깊은 인상을 남길지 무척이나 고민스러웠다. 그동안에는 청소년을 포함하여 일반 대중을 대상으로 과학과 관련한 글을 쓰고, 방송을 하고,** 국가 차원에서 다양한 사업을 추진해 왔는데, 이제 막 대학 입학을 앞둔 예비 대학생에게는 과연 무슨 이야기를 해야 할까 싶어 며칠을 고민하고 또 고민했다. 그러다가 처음으로 과학사 분야를 공부하던 시절, 즉 나의 20대 때 나에게 영감을 준 과학자들의 이야기로 되돌아갔고, 그래서 다시 집어 든 책이 바로 『2500년 과학사를 움직인 인물들』이었다.

---

* 프리텀은 정식 학기가 시작되기 전에 짧은 시간 운영되는 대학교 교육의 한 방식이다.

** 광주MBC 라디오 프로그램 '시선집중'의 토요일 코너 '과학과 인문학의 만남'에 2년여에 걸쳐 출연했다.

⌀ 로이 포터

영국의 저명한 의학사학자 로이 포터^{Roy Porter 1946~2002}가 편집한 이 책의 원래 제목은 『인류가 자연을 지배하다^{Man Masters Nature}』이고 내가 번역하여 1999년 창비에서 출간되었다. 기존의 다른 과학사 저서들과 다르게 이 책은 여러 특징을 지니고 있는데, 첫째는 최고 과학자 17명을 선별하고, 그들의 성과와 활동을 바탕으로 2500년 간 이루어진 인류 지성의 역사를 과학의 시각에서 다루었다는 점이다. 둘째는 17명 각각의 인물을 평생 연구해 온 최고의 과학사학자들이 각 과학자를 집필했다는 점이며, 가장 중요한 셋째는 과학자들을 마냥 칭송만 하지는 않는다는 점이다. 로이 포터가 서문에서 밝히고 있듯이 과학자 한 사람을 제대로 이해하려면 그들이 처한 환경과 상황, 시대와 문화를 이해해야 할 뿐만 아니라 그들의 장점은 물론 한계까지도 다루어야 하므로, 이 책으로 과학자 개개인을 종합적으로 이해할 수 있다. 그러므로 갈릴레이와 뉴턴, 라부아지에와 다윈, 마담 퀴리와 아인슈타인 등 우리가 천재 과학자라고 부르는 인물들이 사실은 놀라운 발견의 순간에 황홀해하기보다는 오히려 주저하거나 두려움을 느꼈던 '인간'이었음을 바로 이해하게 될 것이다.

로이 포터는 1956년에 브로노프스키가 집필한 『과학과 인간의 가치Science and Human Values』에서 언급한 구절로 책을 시작한다. 브로노프스키는 "인간은 자연을 힘이 아니라 이해로써 지배해 왔다. 그것이 마술이 실패한 지점에서 과학이 승리한 이유이다. 마술은 자연에 걸린 주문을 찾아낼 수 없기 때문이다."라고 썼다. 마찬가지로 로이 포터도 과학이 자연에 걸린 주문, 자연의 숨은 질서를 찾아내는 일이며, 바로 이 과학으로 인간이 자연을 이해해 왔다고 말하면서 어떻게 서구 과학이 독보적인 세계 과학으로 성공할 수 있었는지를 설명하고자 이 책을 집필했다고 말한다. 포터는 어떻게 과학이 딱딱해지지 않고 막다른 골목에 다다르지 않으면서(이제는 그 누구도 다루지 않는 분야로 내팽개쳐진 연금술 같은 것과는 다르게), 끊임없이 스스로를 갱신하고 그 지적인 신뢰도를 확장하면서 산업과 기술과 사회의 요구에 부응해 왔는지를 두 가지 원리인 통일성unity과 종합성comprehensiveness에서 찾았다. 통일성이란 자연이 신의 변덕스러움에 종속되지 않고 스스로의 법칙을 따른다는 것, 자연이 구성 물질('원소로 부르는 사람도 있고 '원자'로 부르는 사람도 있는) 몇 개로 이루어졌으며, 궁극적으로는 우주(대우주)와 인간(소우주)을 연결한다는 것, 그리고 자연이 질서 정연하며 규칙적으로 작동한다는 것이다. 또 종합성이란 전문화되고 세분화되는 과학이 좀 더 고차원적 일관성을 보여 주면서 근본적으로는 새로운 분야를 개척하는 것이다. 대표적인 사례로 뉴턴 이후에 빛과 열과 전기와 자기는 별도 분야로 발전해 오다가 제임스 와트_{James Watt}[*]와 켈빈 경_{Lord Kelvin}^{**}을 거치면서 열역학이 탄생하고, 전기와 자기가 전자기학으로 상호 연관되어 새로운 영역을 열었다.

◦ 독창적 혁신가

책에 등장하는 과학자 17명의 성취는 짧지만 간결한 부제가 아주 잘 설명해 준다. 아리스토텔레스는 "과학의 이론과 실천", 프톨레마이오스는 "고대 천문학의 종합", 갈릴레이는 "근대 과학", 케플러는 "새로운 천문학", 하비는 "혈액 순환의 발견", 뉴턴은 "자연을 푸는 수학적 열쇠", 프리스틀리는 "혁명기 과학과 종교와 정치",

---

* 제임스 와트는 스코틀랜드의 발명가이자 기계공학자이며, 영국과 세계의 산업혁명에 중대한 역할을 한 증기 기관을 개량하는 데 공헌했다. 흔히 증기 기관을 발명했다고 알려졌지만, 실제로는 기존의 증기 기관에 응축기를 부착해 효율을 높인 것이다.

** 켈빈 경으로 불린 윌리엄 톰슨(William Thomson)은 아일랜드 출신 수리물리학자이자 공학자이다. 글래스고대학교에서 일하면서 전기와 열역학에서 많은 수학적인 분석을 했으며, 물리학을 오늘날의 형태로 정립한 중요 공헌자이다. 그의 이름을 따서 지은 절대 온도의 단위 '켈빈'으로 더 유명하다. 전자기학, 열역학, 지구물리학 등 여러 분야에서 많은 업적을 남겼고, 그중에서도 열역학 분야의 업적이 가장 크다.

라부아지에는 "화학 혁명", 와트는 "과학과 산업의 상호 번영", 패러데이는 "순수과학의 유용성", 다윈은 "생물의 다양성 문제를 풀다", 파스퇴르는 "무한히 작은 것을 찾아서", 아인슈타인은 "시공간의 탐구", 보어는 "시각화를 넘어선 세계", 튜링은 "정신과 기계", 왓슨과 크릭은 "생명의 신비"이다. 그렇다면 어떻게 이 과학자들이 독보적인 성과를 낼 수 있었을까? 로이 포터는 이를 개인주의적 특성을 지닌 서구 문화에서 찾았다. 자신의 일을 잘 수행하여 최고 위치에 올라감으로써 자아성취와 자기실현을 이룩하고 유명해지는 것이 주된 동기였다는 점이다. 자신의 분야에서 공인된 진리를 자신만의 새로운 관점으로 대체하는 일에 일생을 바치고, 이를 굉장히 가치롭게 평가했던 과학자로는 케플러와 갈릴레이가 대표적이다. 케플러는 자신의 위대한 연구를 '새로운 천문학'으로 불렀으며, 갈릴레이는 '두 가지 새로운 과학에 관한 논의와 수학적 증명'이라고 명했다. '학문의 진보 안에서' '가능한 모든 것을 이루기 위해' 평생을 헌신한 그들은 자신들이 기존의 전통을 깨트린 독창적 혁신가임을 자랑스러워했다는 것이다.

---

* 그러나 중국을 비롯한 동양 문화의 특징은 비개인주의적이어서 개인이 튀는 것을 잘 용납하지 못한다. 이 때문에 중세까지 발전하던 과학 활동도 근대를 넘어오면서 서구에 넘겨주는 결과로 이어지고 말았다.

로이 포터는 또 말한다. 역사를 '위인'론으로 쓰던 시대는 이미 지났으며, 과학의 진보를 영웅적 정신이 승리했다는 관점으로 보는 것은 천박하다고. 또 그는 윌리엄 하비 William Harvey가 혈액 순환을 발견한 것이나 자연 선택에 따른 진화론을 먼저 주장한 찰스 다윈이 그것을 반대했거나 그보다 뒤늦게 발견한 사람들보다 더 영리했다고 말할 수 있는 근거는 그 어디에도 없으며, 결과적으로 패배한 쪽에 속한 과학자들이 미련한 바보이거나 폐쇄적 정신의 소유자들이 아니라고 주장한다. 오히려 경쟁하다가 폐기된 과학 이론들은 수많은 사실 fact과 그것을 뒷받침하는 주장 argument을 포함하고 있으며, 종종 그것을 새롭게 대체하는 이론보다 훨씬 더 합리적으로 보이기도 한다고 말한다. 따라서 역사를 오늘날의 관점에서 보는 것과 역사를 오늘날 인정되는 이론들, 예를 들면 갈릴레이, 뉴턴, 라부아지에, 보어 등의 이론이 영원히 계속 우월할 것이라고 보는 관점은 매우 위험하다는 것이다. 위대한 과학자란 그가 살았던 시대와 동떨어져 고립되었던 사람이 아니라 그 시대에 깊숙하게 연관되어서 그것을 변화시킨 사람들인 것이다. 즉, 과학자의 개별 업적은 그가 살았던 시대정신의 총합인 것이지 과학적 천재의 두뇌에서 저절로 생겨나지 않았다는 것이다.

╱° 만남

　　과학자 17명의 이야기를 다 읽어 가면서 나는 '프리텀'의 주제를 찾았다. 그것은 바로 '만남'이었다. 책을 관통하는 메시지는 결국 만남으로 귀결된다. 위대한 과학자가 위대한 성과를 낼 수 있었던 것은 그가 살았던 시대와 만났기 때문이고, 스승과 제자의 관계 혹은 동료의 관계로 서로가 만났기 때문이다. 이런 만남을 주제로 3가지 에피소드를 선택했고, 이 에피소드를 바탕으로 어떻게 만남이 위대한 과학적 성과로 이어졌는지를 설명하기로 했다. 첫 번째 에피소드는 뉴턴이다. 흑사병 때문에 케임브리지대학교가 휴교하자 고향으로 돌아갈 수밖에 없었던 뉴턴은 고향에 머물면서 아주 한가롭고 무료한 시간을 보냈다. 그 심심함을 해소하고자 프리즘을 가지고 놀면서 햇빛(백색광)이 7가지 단색광의 혼합이라는 놀라운 사실을 얻어 냈다. 두 번째 에피소드는 케플러이다. 오스트리아의 그라츠에서 쫓겨난 천문학자이자 수학자인 케플러는 프라하의 튀코 브라헤를 찾아 나섰고, 그와 만남으로써 얻게 된 화성 관측 데이터를 끈질기게 계산해 우주의 중심이 태양이고 행성이 도는 궤도는 타원이라는 놀라운 사실을 발견했다. 세 번째 에피소드는 다윈이다. 에딘버러대학교와 케임브리지대학교에서 의학과 신학을 공부했지만 모두 실패한 다윈은 헨슬로 교수와 만나 식물학과 지질학에 관심을 키웠고, 결국 비글^{Beagle}호 항해에 올랐다. 엉뚱한 질문에도 친절하게 답해 주면서 다윈을 격려한 헨슬로 교수가 있었기에 다윈이 성공할 수 있었던 것이다.

인류의 에너지 문제를 해결할 미래 과학자

이제 막 대학에 입학한 젊은이들에게는 상상할 수 없을 정도로 무한한 세상이 펼쳐질 것이다. 그들이 만나는 세상에는 수없이 다양한 문화와 환경과 사람들이 있을 테고, 언제 누구(사람)를 그리고 무엇(사건)을 어떻게 만나느냐는 그들의 인생 경로에 때때로 결정적인 영향을 미칠 것이다. 전국에서 켄텍이라는 대학교가 있는 도시 나주로 찾아온 그들에게 더 넓게 세상을 보고 더 따뜻한 시선으로 사람들을 만나도록 안내하는 일은 그 어떤 일보다 중요하고 가치로운 일이다. 더군다나 인류에게 가장 시급한 과제인 '에너지 문제 해결'을 담당할 그들이 앞으로 직면하게 될 많은 어려움을 더 즐겁고 긍정적으로 대응하면서 걸어가도록 안내하는 일은 인생을 먼저 살아가는 선배로서 큰 기쁨이 아닐 수 없다. 과학은 전통적 사상에 새로운 아이디어가 더해지기도 하고 또 둘 사이의 충돌을 통해 발전해 가는 과정이며, 전통과 미래는 본질적인 긴장 관계 속에 있다. 과학자로서 걸어온 나의 40여 년의 경험과 생각들 그리고 좌절과 극복의 스토리들이 이전 세대와 젊은 세대를 연결하는 가교 역할을 할 수 있기를 바라며, 현대 과학이 던지는 12개의 문제를 현명하게 해결해 나가는 데 도움을 줄 수 있기를 고대한다. 점점 복잡해지고 예측이 어려워지는 세상에서 인생의 후배들이 보다 창조적이고 긍정적인 방향으로 각자의 인생을 전개해 나가길 진심으로 응원한다.

『2500년 과학사를 움직인 인물들』

Man Masters Nature:
25 Centuries of Science

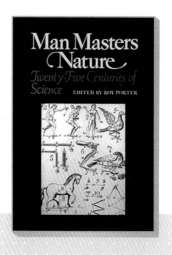

로이 포터 편 | 1989년(미국)

『인간의 자연 지배: 과학의 25세기』가 원제이며, 영국 BBC 라디오의 대중 강좌를 엮은 책이다. '25세기'라는 표현에서 알 수 있듯이 아리스토텔레스부터 왓슨과 크릭의 DNA 이중나선 구조 발견에 이르기까지 2500년간 과학 역사를 압축해서 흥미롭게 서술한다. 각 장은 과학자 17명에 관해 전문적으로 연구하는 대표 과학사학자들이 집필했다. 그래서 언뜻 그들의 과학적 업적과 함께 마치 어릴 적 읽은 위인전처럼 탁월한 천재나 영웅으로 그렸을 것으로 생각될 수 있다. 그러나 한 영웅 과학자가 새롭게 고안해 낸 과학적 이론이나 발견의 위대함과 새로움에 초점을 맞추어 그저 칭송하는 식으로 전개되지는 않는다. 과학 역사에서 한 인간의 고뇌와 헌신이 투영되지 않은 과학적 발견은 결코 존재하지 않을 것이다. 그리고 과학적 진보는 과학적 영웅들의 비범한 천재성에 의존하는 것이 아니라 자연 탐구에 정진한 그들의 용기와 무한한 노력에 달려 있는 것이다.

포터는 서론에서 자연과 세계를 탐구하는 학문이 천문학, 물리, 화학, 생물학 등 이름을 지니게 된 과정과 오늘날 과학, 특히 서구 과학이 그토록 독보적이고 막강한 힘을 갖게 된 원인을 간결하게 설명한다. 이 책은 과학자 개인의 인생이나 에피소드보다는 과학의 발전 과정에 초점이 맞춰져 있다. 과학적 발전이란 한 천재의 것이면서 전 인류가 노력한 산물이고, 타고난 재능과 노력에도 불구하고 과학자 개인의 역량을 넘어서는 시대적·역사적 한계가 있고, 과학사는 이런 한계와 한계를 넘어서려는 끈질긴 탐구 덕분에 이어져 왔다고 말한다.

클래스가 남다른
과학고전

초판 1쇄 발행 2023년 9월 25일
초판 2쇄 발행 2023년 10월 20일

저　　　자　조숙경
발 행 처　타임북스
발 행 인　이길호
총　　　괄　이재용
편 집 인　이현은
편　　　집　오성임
디 자 인　KL Design
마 케 팅　이태훈, 황주희, 김미성
제작물류　최현철, 김진식, 김진현, 이난영, 심재희

타임북스는 (주)타임교육C&P의 단행본 출판 브랜드입니다.

출판등록　2020년 7월 14일 제2020-000187호
주　　　소　서울시 강남구 봉은사로 442 75th Avenue빌딩 7층
전　　　화　02-590-6997
팩　　　스　02-395-0251
전자우편　timebooks@t-ime.com

ISBN　979-11-92769-54-7 03400